1 Brüche und Dezimalzahlen

2 Rechnen mit Brüchen und Dezimalzahlen

3 Flächeninhalt und Umfang ebener Figuren

4 Mathematik im Alltag: Daten auswerten und Zusammenhänge beschreiben

5 Rechnen mit rationalen Zahlen

6 Körper und Volumen

Brüche erkennen und herstellen

1 Markiere jeweils die Hälfte, ein Viertel und ein Achtel der Figuren in verschiedenen Farben.

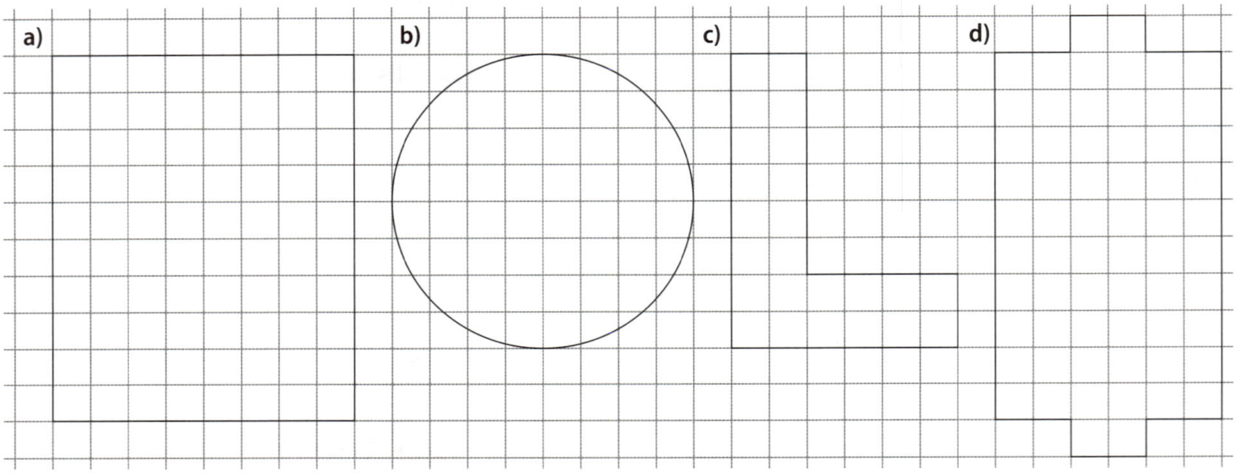

2 Welcher Anteil ist jeweils blau (b) eingefärbt, welcher ist weiß (w) ?

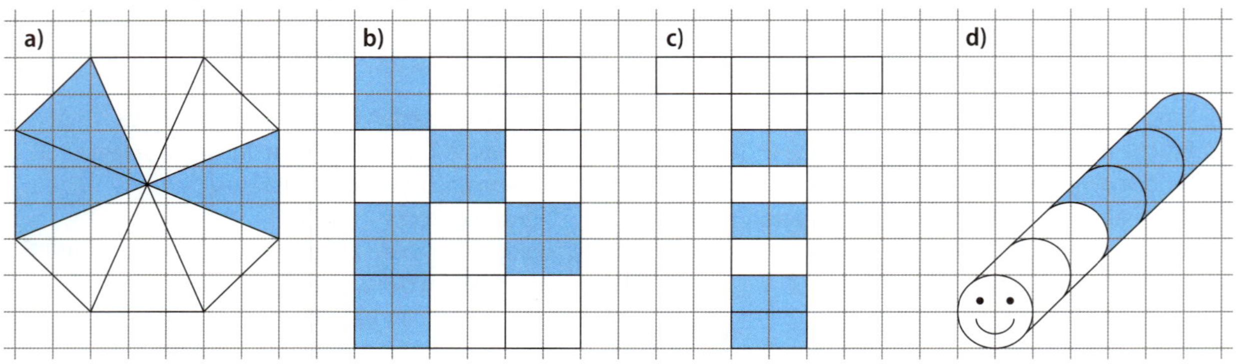

b = ______ w = ______ b = ______ w = ______ b = ______ w = ______ b = ______ w = ______

3 Welcher Anteil an der Gesamtstrecke wird durch jeden Buchstaben markiert?

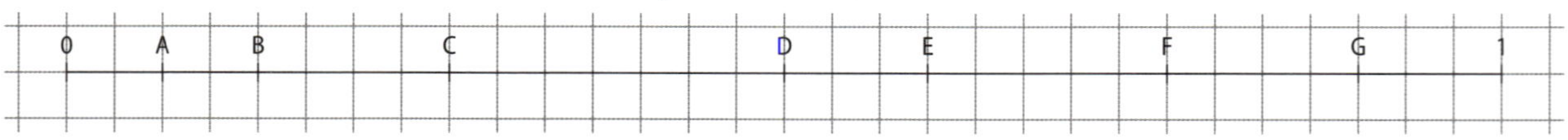

A: ________ B: ________ C: ________ D: ________ E: ________ F: ________ G: ________

4 Gib jeweils an, welcher Anteil der Figuren zum Ganzen fehlt. Vervollständige die Figur zum Ganzen.

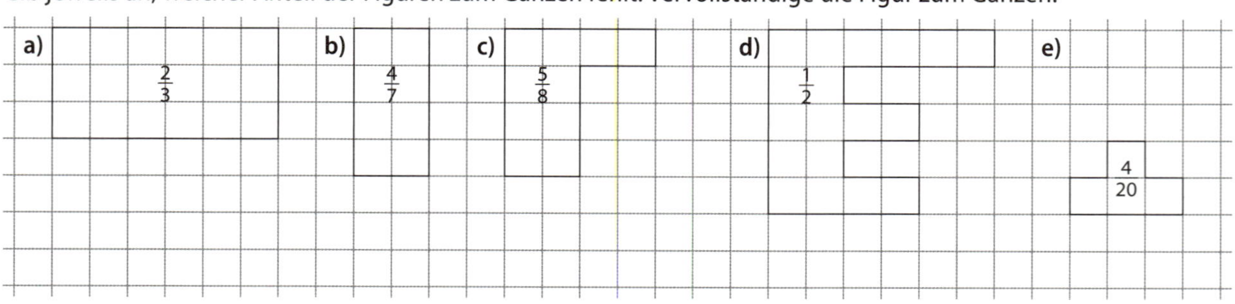

$\frac{1}{3}$ fehlt. ________ ________ ________ ________

1 Notiere die folgenden Verteilungen mit einem Bruch.

a) Vier Kinder teilen sich drei Flammkuchen.

Jedes Kind bekommt einen ______ Flammkuchen.

b) Drei Kinder teilen sich zwei Blätter Papier.

Jedes Kind bekommt ein ______ Blatt Papier.

c) Fünf Leute teilen sich einen Kuchen.

Jede Person bekommt ______ Kuchen.

2 Schreibe als Bruch.

a) 4 : 3 = ______ b) 5 : 13 = ______ c) 17 : 32 = ______ d) 5 : 21 = ______ e) 6 : 2 = ______

f) 9 : 10 = ______ g) 12 : 1 = ______ h) 8 : 25 = ______ i) 1 : 9 = ______ j) 0 : 18 = ______

3 Stelle den folgenden Sachverhalt zeichnerisch dar.

a) Fünf Kinder teilen zwei Tafeln Schokolade gerecht miteinander.

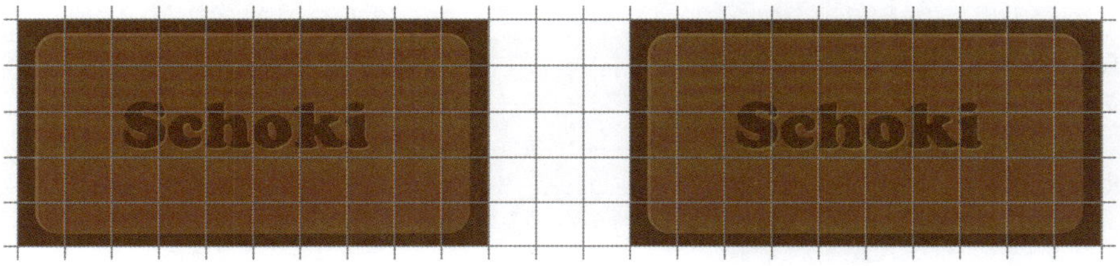

Jedes Kind bekommt eine ______ Tafel Schokolade.

b) Sechs Kinder teilen vier Pizzas gerecht miteinander. Skizziere.

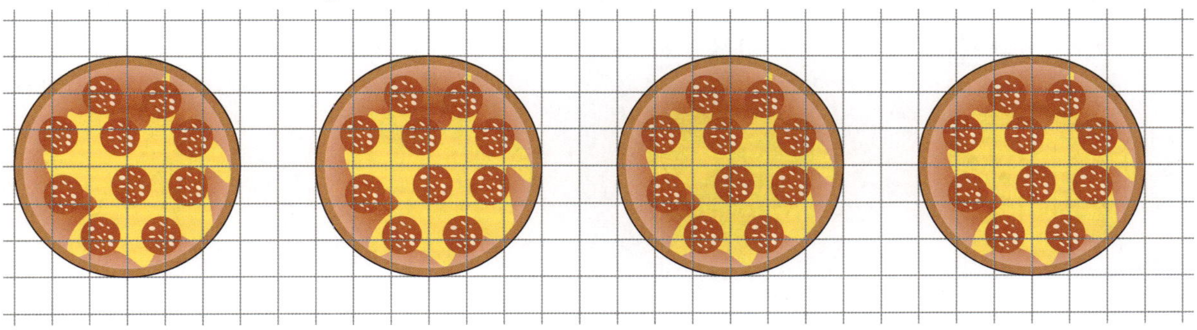

Jedes Kind bekommt eine ______ Pizza.

4 Notiere zu jeder Abbildung einen passenden Bruch.

a)

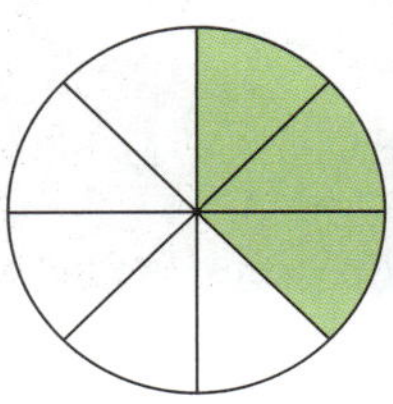

______

b)

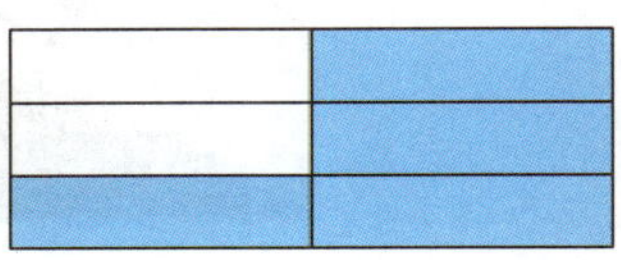

______

c)

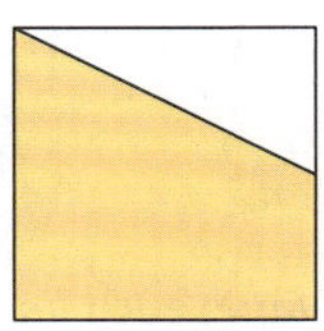

______

d)

______

e)

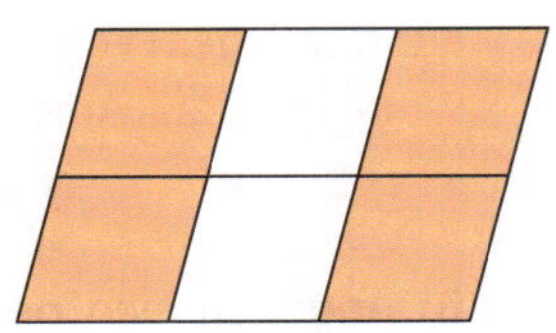

______

Bruch als Verhältnis

1 In der Abbildung siehst du verschiedene Armbänder. Notiere jeweils das Verhältnis der ausgewählten Holzkugeln nach ihrer Farbe. Kürze, wenn möglich.

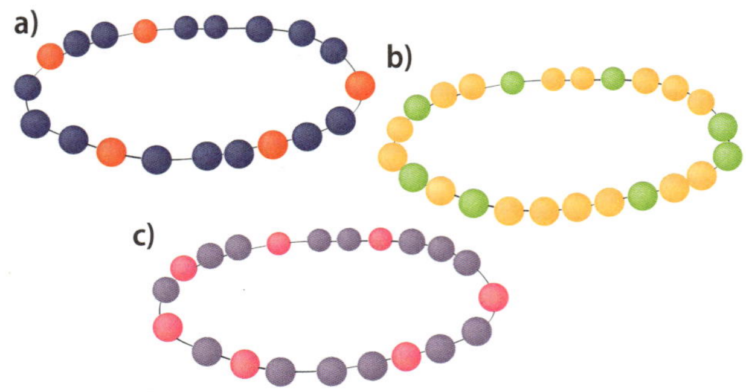

a) rot : blau = 5 : 15 = 1 : 3

b) ______

c) ______

2 Die Leichtathletikfreunde Fulda haben insgesamt 120 Mitglieder. Jedes fünfte Mitglied ist ein Kind.

a) Wie ist das Verhältnis von Kindern zu Erwachsenen?

______

b) Wie viele Kinder und wie viele Erwachsene sind in dem Verein?

Es sind ______ Kinder und ______ Erwachsene im Verein.

c) Jedes dritte Mitglied ist weiblich.

1 männlich : weiblich = ______

2 Es sind ______ weibliche und ______ männliche Mitglieder.

3 Wie sind die Gewinnchancen bei den folgenden Glücksspielen? Notiere als Verhältnis „Gewinn : alle Möglichkeiten".

a) Herz gewinnt.

b) Grün gewinnt.

c) Primzahl gewinnt.

d) Primzahl gewinnt.

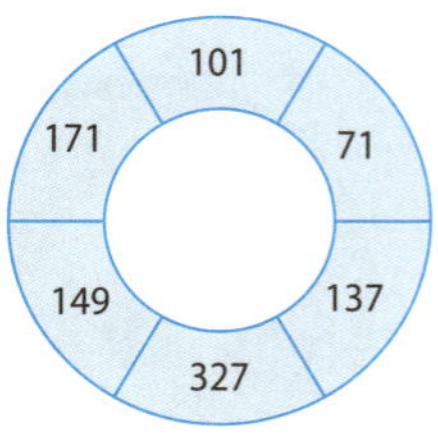

______ ______ ______ ______

4 Häufig wird behauptet, dass Ameisen das Zehnfache ihres Eigengewichts transportieren können.

a) In welchem Verhältnis steht das Gewicht der Ameise zu dem ihrer Last?

______

In welchem Verhältnis steht das Gewicht der Ameise zum Gesamtgewicht aus Ameise und Last?

______

b) Angenommen, der obige Zusammenhang würde auch für den Menschen gelten. Welche Last könnte ein 50 kg schwerer Mensch tragen?

Er könnte eine Last von ______ tragen.

1 Markiere jeweils $\frac{2}{5}$ der Kreise.

a) 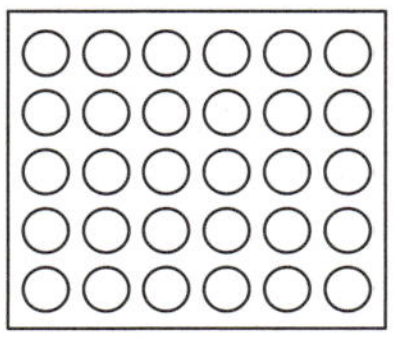

b) 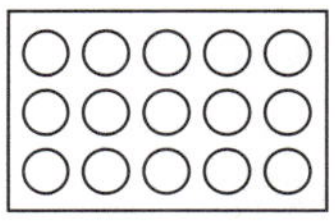

c) 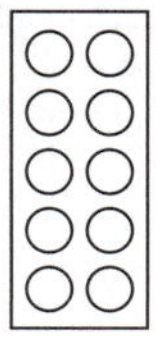

d) 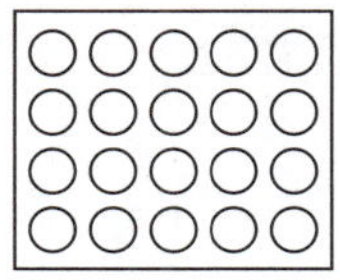

2 Stelle $\frac{2}{3}$ von 18 Kreisen auf unterschiedliche Arten dar.

a) 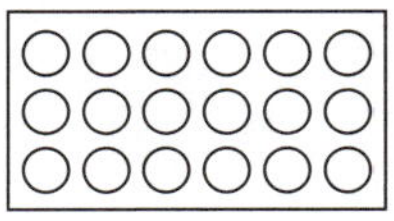

b) 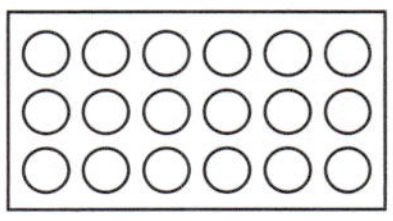

c) 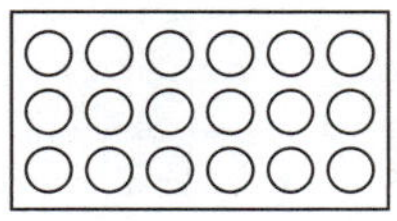

d) 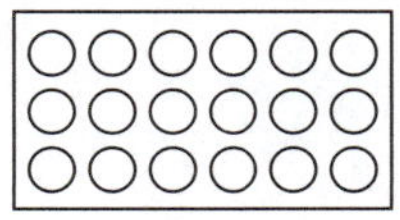

3 Berechne den Bruchteil.

a) $\frac{3}{5}$ von 60 cm = ____________

b) $\frac{2}{3}$ von 1800 g = ____________

c) $\frac{7}{24}$ von 72 h = ____________

d) $\frac{8}{25}$ von 625 m = ____________

e) $\frac{5}{59}$ von 59 min = ____________

f) $\frac{5}{6}$ von 144 € = ____________

4 Wie groß ist jeweils das Ganze?

a) $\frac{3}{5}$ von ____________ sind 60 cm.

b) $\frac{1}{2}$ von ____________ sind 199 €.

c) $\frac{5}{36}$ von ____________ sind 15 s.

d) $\frac{8}{13}$ von ____________ sind 48 g.

e) $\frac{16}{26}$ von ____________ sind 48 kg.

f) $\frac{16}{100}$ von ____________ sind 256 m.

5 Färbe die angegebenen Bruchteile der Strecken.

a) $\frac{3}{4}$

b) $\frac{2}{3}$

c) $\frac{5}{6}$

d) $\frac{2}{7}$

Brüche in gemischter Schreibweise

1 Welche der folgenden Brüche sind echte Brüche, welche unechte Brüche?

$\frac{2}{3}$; $\frac{4}{3}$; $\frac{3}{1222}$; $\frac{5}{1}$; $\frac{13}{26}$; $\frac{7}{17}$; $\frac{100}{10}$; $\frac{12}{5}$; $\frac{8}{8}$; $\frac{126}{8}$; $\frac{19}{31}$; $\frac{5}{3}$; $\frac{3187}{3781}$; $\frac{4148}{1448}$

echt: ______________________ unecht: ______________________

2 Gib jeweils einen Bruch an, der durch die Zeichnung dargestellt sein kann. Wandle in eine natürliche oder gemischte Zahl um, wenn möglich.

a)
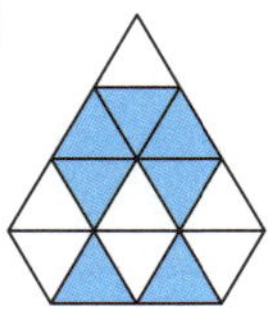

b)
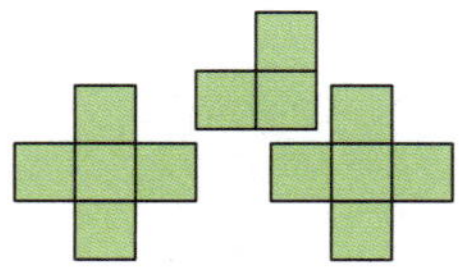

c)
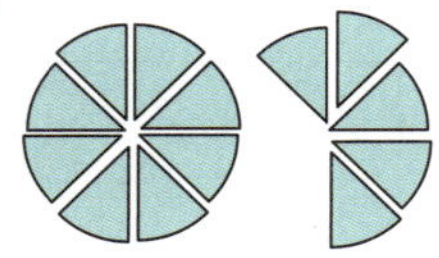

d)

_____ = _____ _____ = _____ _____ = _____ _____ = _____

3 Schreibe als gemischte Zahl.

a) $\frac{11}{10}$ = ☐ b) $\frac{15}{4}$ = ☐ c) $\frac{5}{3}$ = ☐ d) $\frac{6}{4}$ = ☐ e) $\frac{37}{18}$ = ☐

f) $\frac{13}{5}$ = ☐ g) $\frac{1222}{112}$ = ☐ h) $\frac{16}{15}$ = ☐ i) $\frac{9}{7}$ = ☐ j) $\frac{80}{36}$ = ☐

4 Schreibe als unechten Bruch.

a) $1\frac{2}{3}$ = _____ b) $2\frac{1}{5}$ = _____ c) $3\frac{18}{20}$ = _____ d) $8\frac{3}{5}$ = _____ e) $1\frac{35}{36}$ = _____

f) $12\frac{6}{12}$ = _____ g) $7\frac{1}{4}$ = _____ h) $5\frac{1}{2}$ = _____ i) $1\frac{3}{4}$ = _____ j) $11\frac{1}{111}$ = _____

5 Markiere die folgenden Zahlen auf der Zahlengeraden.

A: $2\frac{1}{3}$ B: $1\frac{1}{2}$ C: $\frac{5}{4}$ D: $2\frac{3}{6}$ E: $\frac{3}{4}$ F: $1\frac{3}{12}$

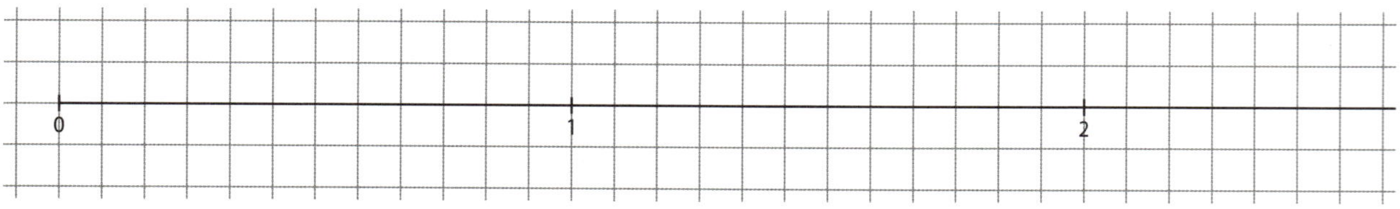

6 Auf alten Haushaltswaagen wandert der Messzeiger an einer Skala entlang. Trage die Größen richtig ein.

a) $1\frac{1}{2}$ kg b) 250 g c) $1\frac{1}{8}$ kg d) 1,75 kg e) $\frac{3}{4}$ kg f) 1000 g

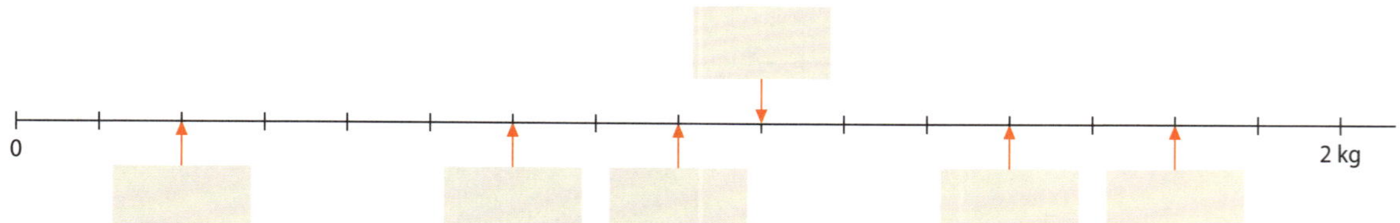

1 Bestimme die Anteile. Mit welcher Zahl wurde erweitert bzw. gekürzt?

a)

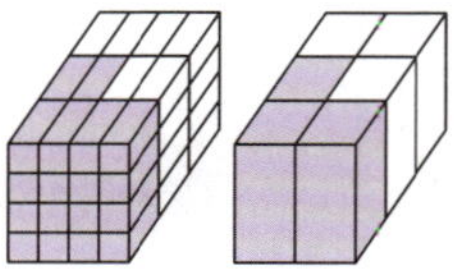

$\frac{24}{8} = \frac{3}{6}$; mit 8

b)

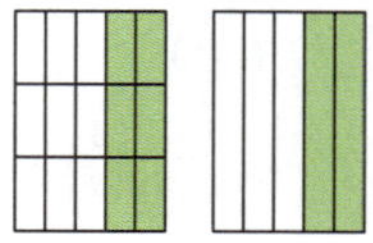

c)

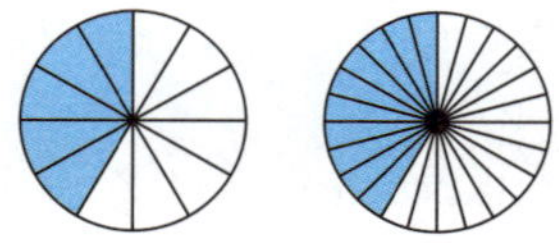

d)

e)

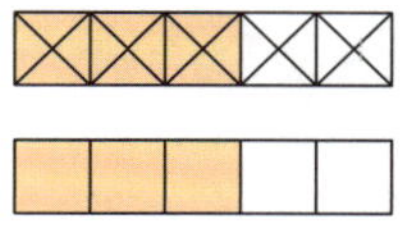

f)

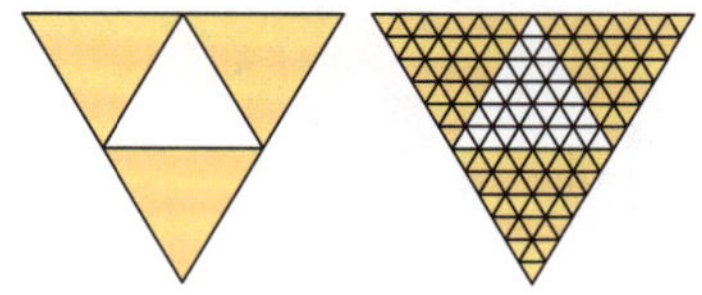

g) $\frac{4}{8} = \frac{1}{2}$ ______

h) $\frac{33}{51} = \frac{11}{17}$ ______

i) $\frac{2}{3} = \frac{18}{27}$ ______

2 Finde eine geeignete Kürzungszahl und kürze den Bruch. Notiere, wie viel zum nächsten Ganzen fehlt.

	a)	b)	c)	d)	e)	f)
Bruch	$\frac{12}{100} = \frac{3}{25}$	$\frac{34}{51}$	$\frac{16}{40}$	$\frac{27}{60}$	$\frac{40}{75}$	$\frac{28}{49}$
Kürzungszahl	4					
bis zum nächsten Ganzen fehlen …	$\frac{22}{25}$					

3 Setze <, > oder =.

a) $\frac{3}{8}$ ☐ $\frac{5}{8}$ b) $\frac{2}{3}$ ☐ $\frac{4}{9}$ c) $\frac{4}{18}$ ☐ $\frac{1}{6}$ d) $\frac{4}{18}$ ☐ $\frac{25}{35}$ e) $\frac{6}{11}$ ☐ $\frac{3}{5}$

f) $\frac{4}{24}$ ☐ $\frac{1}{3}$ g) $\frac{18}{56}$ ☐ $\frac{4}{14}$ h) $1\frac{3}{4}$ ☐ $\frac{7}{4}$ i) $\frac{44}{55}$ ☐ $\frac{55}{44}$ j) $\frac{0}{7}$ ☐ $\frac{0}{9}$

4 Ordne die Brüche der Größe nach.

a)

$\frac{3}{4}$	$\frac{1}{2}$	$\frac{5}{8}$	$\frac{1}{4}$	$\frac{7}{8}$

☐ > ☐ > ☐ > ☐ > ☐

b)

$\frac{1}{2}$	$\frac{1}{3}$	$\frac{8}{9}$	$\frac{2}{3}$	$\frac{5}{6}$

☐ < ☐ < ☐ < ☐ < ☐

5 Richtig (r) oder falsch (f)? Prüfe nach.

a) $\frac{2}{3} < \frac{7}{8} < \frac{10}{11}$ ☐ b) $\frac{2}{8} > \frac{1}{4} > \frac{1}{9}$ ☐ c) $\frac{16}{12} > \frac{1}{2} > \frac{2}{5}$ ☐ d) $\frac{3}{10} < \frac{1}{3} < \frac{3}{4}$ ☐

Brüche und Dezimalzahlen

1 Trage die folgenden Zahlen in die Stellenwerttafel ein.

a) $\frac{75}{100}$ b) 2,567 c) $\frac{19}{1000}$ d) 12,092 e) 9,0909

	Bruch	Z	E	z	h	t	zt	Dezimalzahl
a)	$\frac{75}{100}$		,					
b)			,					2,567
c)			,					
d)			,					
e)			,					

2 Male Karten, die zusammengehören, mit derselben Farbe aus.

$\frac{2}{100}$ | 2 Tausendstel | 2 Fünftel | 4 Zehntel | 0,002 | $\frac{4}{10}$ | $\frac{1}{50}$ | $\frac{4}{200}$

0,02 | 2 Zehntel | $\frac{1}{5}$ | 0,2 | $\frac{2}{5}$ | 1 Fünftel | 0,4 | $\frac{1}{500}$

1 Fünfzigstel | $\frac{2}{10}$ | $\frac{2}{1000}$ | $\frac{4}{100}$ | 2 Hundertstel

3 Welche Dezimalzahlen sind auf dem Ausschnitt der Zahlenhalbgerade markiert?

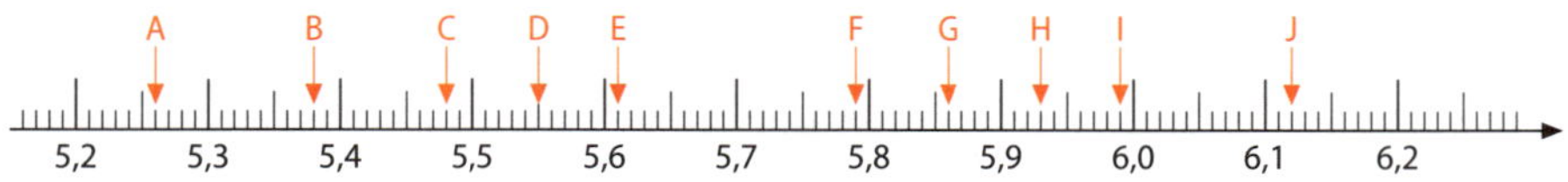

A: ______ B: ______ C: ______ D: ______ E: ______ F: ______ G: ______ H: ______ I: ______ J: ______

4 Schreibe als Bruch. Kürze danach so weit wie möglich.

a) 0,25 = $\frac{25}{100}$ = $\frac{1}{4}$ b) 0,02 = ☐ = ☐ c) 0,15 = ☐ = ☐

d) 0,36 = ☐ = ☐ e) 0,125 = ☐ = ☐ f) 0,628 = ☐ = ☐

g) 0,82 = ☐ = ☐ h) 0,60 = ☐ = ☐ i) 0,248 = ☐ = ☐

5 Schreibe als Dezimalzahl.

a) $\frac{81}{100}$ = ______ b) $\frac{3}{10}$ = ______ c) $\frac{815}{1000}$ = ______ d) $\frac{1}{2}$ = ______

e) $\frac{5}{25}$ = ______ f) $\frac{3}{50}$ = ______ g) $\frac{3}{20}$ = ______ h) $\frac{100}{125}$ = ______

1 Ist die Dezimalzahl endlich (e), reinperiodisch (r) oder gemischtperiodisch (g)? Kreuze an.

a) $1,\overline{451}$ ☐ e ☐ r ☐ g

b) $1,4\overline{51}$ ☐ e ☐ r ☐ g

c) $1,451$ ☐ e ☐ r ☐ g

d) $1,45\overline{1}$ ☐ e ☐ r ☐ g

2 Welche Dezimalzahl gehört zu welchem echten Bruch? Ordne zu.

$0,\overline{1}$ | $0,1\overline{6}$ | $0,5$ | $0,\overline{09}$ | $0,\overline{3}$ | $0,8$ | $0,375$ | $0,\overline{01}$ | $0,75$ | $0,0\overline{1}$

a) $\frac{1}{3}$ = ☐ **b)** $\frac{1}{9}$ = ☐ **c)** $\frac{4}{5}$ = ☐ **d)** $\frac{1}{6}$ = ☐ **e)** $\frac{3}{4}$ = ☐

f) $\frac{1}{11}$ = ☐ **g)** $\frac{1}{90}$ = ☐ **h)** $\frac{5}{9}$ = ☐ **i)** $\frac{3}{8}$ = ☐ **j)** $\frac{1}{99}$ = ☐

3 **a)** Bestimme jeweils die fehlenden Werte.

$\frac{2}{90}$	$\frac{23}{90}$	$\frac{4}{90}$	$\frac{5}{90}$	…	$\frac{8}{90}$	$\frac{9}{90}$	$\frac{10}{90}$	$\frac{11}{90}$	…	$\frac{18}{90}$	$\frac{19}{90}$	$\frac{20}{90}$	$\frac{21}{90}$
$0,0\overline{2}$	$0,0\overline{3}$			…				$0,1\overline{2}$	…		$0,2\overline{1}$		

b) Nach welcher Gesetzmäßigkeit lassen sich die Dezimalzahlen bei a) bestimmen? Kreuze an.

☐ Man ordnet immer die letzte Ziffer des Nenners unter der Hundertstelstelle unter der Periode an.

☐ Die Zehntelstelle gibt an, wie oft der Nenner durch 9 teilbar ist. Die Periode an der Hundertstelstelle gibt an, welcher Rest bei dieser Division durch 9 übrig bleibt.

☐ Wird der Nenner um 1 erhöht, dann wird auch die Ziffer unter der Periode immer um 1 erhöht.

4 Setze $<$, $>$ oder $=$ ein.

a)
$0,\overline{3}$ ☐ $0,3$
$0,\overline{3}$ ☐ $\frac{1}{3}$
$0,\overline{3}$ ☐ $0,33$
$0,\overline{3}$ ☐ $0,34$

b)
$1,01$ ☐ $1,\overline{01}$
$1,01$ ☐ $1,\overline{01}$
$1,01$ ☐ $1,01$
$\frac{100}{99}$ ☐ $1,\overline{01}$

c)
$2,17$ ☐ $2,1\overline{7}$
$2,178$ ☐ $2,1\overline{7}$
$2,\overline{17}$ ☐ $2,1\overline{7}$
$2,\overline{17}$ ☐ $2\frac{17}{99}$

d)
$0,09$ ☐ $0,\overline{9}$
$0,\overline{09}$ ☐ $0,091$
$0,\overline{9}$ ☐ $0,89$
$0,\overline{9}$ ☐ $1 - 0,0001$

5 Wandle in eine Dezimalzahl um.

a) $\frac{3}{16}$ = ____________

b) $\frac{5}{12}$ = ____________

c) $\frac{7}{11}$ = ____________

1 Runde die Dezimalzahlen auf die angegebenen Stellen.

	Dezimalzahlen	Einer	Zehntel	Hundertstel	Tausendstel
a)	0,5489				
b)	23,56672				
c)	1,6464				
d)	5,2355				
e)	6,4949				

2 Setze <, > oder

0,35 ☐ 0,40
1,5 ☐ 1,05
2,007 ☐ 2,7

0,209 ☐ 0,29
$\frac{27}{1000}$ ☐ 0,02
0,70 ☐ $\frac{7}{10}$

2,4000 ☐ 2,040
13,7 ☐ 13,699
0,003 ☐ 0,3

3 Ordne die Dezimalzahlen der Reihe nach.

a) 1,320; 1,232; 1,230; 1,323; 1,233 ______ < ______ < ______ < ______ < ______

b) 9,909; 9,099; 9,999; 9,090 ; 9,009 ______ < ______ < ______ < ______ < ______

c) 22,220; 2,202; 22,202; 22,002; 2,002 ______ < ______ < ______ < ______ < ______

d) 1,440; 1,404; 1,444; 1,004; 1,400 ______ < ______ < ______ < ______ < ______

4 Markiere Zahlen mit dem gleichen Wert in jeweils gleicher Farbe.

0,25 | $\frac{1}{40}$ | 0,2500 | $2\frac{1}{5}$ | $\frac{1}{4}$ | $\frac{25}{10}$

2,5 | 0,0250 | 0,250 | 0,025 | 2,50

5 Bestimme vier Dezimalzahlen, die zwischen den angegebenen liegen.

a) 2,401 < ☐ ; ☐ ; ☐ ; ☐ < 2,411

b) 0,0075 < ☐ ; ☐ ; ☐ ; ☐ < 0,0077

c) 12,01 < ☐ ; ☐ ; ☐ ; ☐ < 12,02

1 Fülle die Tabelle aus.

	a)	b)	c)	d)	e)	f)	g)	h)	i)
Bruch			$\frac{1}{5}$	$\frac{7}{25}$					$\frac{36}{60}$
Dezimalzahl	0,27	1,42					0,78	1,45	
Prozent					163 %	96 %			

2 Färbe die angegebenen Prozentsätze.

a) 20 %

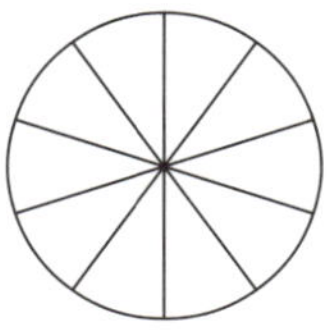

b) 75 %

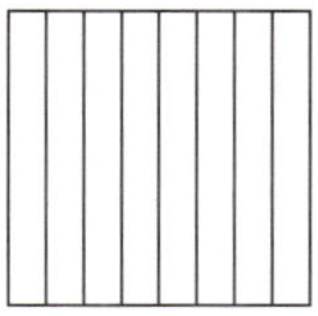

c) 25 %

d) 50 %

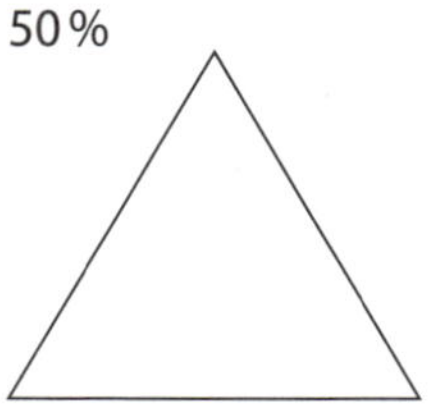

3 Beantworte die zum Klassenbild gehörenden Fragen. Wie viel Prozent …

a) der Kinder haben blonde Haare?

$\frac{8}{25} = \frac{4 \cdot 8}{4 \cdot 25} = \square = \square$ %

b) der Kinder haben einen Ringelpulli an?

$\square = \square$ %

c) der Mädchen haben braune Haare?

$\frac{\square}{10} = \square = \square$ %

d) der Jungs haben einen blauen Pulli?

$\square$

4 Ein Platzwart wurde beim Herrichten des Rasens für ein Fußballspiel gestört. Wie viel Prozent …

a) des ganzen Rasens müssen noch gemäht werden (dunkelgrüne Fläche)?

____

b) der Außenlinie muss er noch streuen?

____

c) Wie viel Prozent der Rasenfläche nimmt das Spielfeld ein? Kreuze an.

☐ unter 70 %   ☐ über 70 %

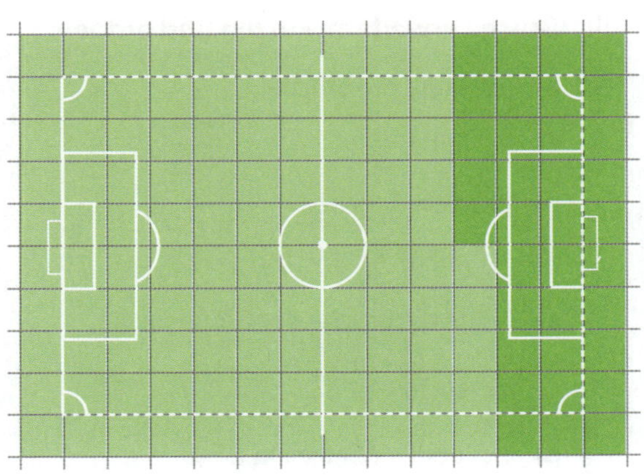

I. Anteile auf verschiedene Arten bestimmen

1 Gib den Anteil der Figuren an, der jeweils gefärbt und der nicht gefärbt wurde.

a)

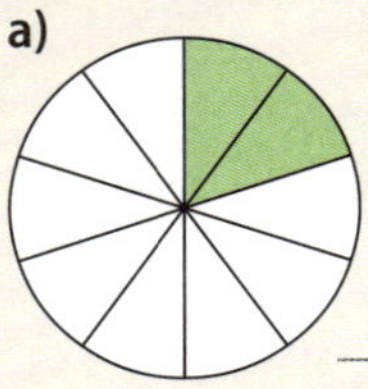

______

b)

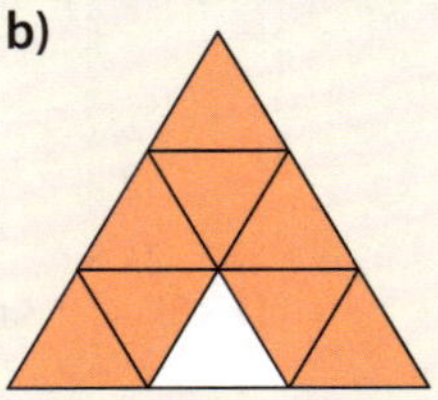

______

c)

______

2 Gib jeweils an, wie viel ein Kind bekommt, wenn …

a) zehn Kinder fünf Äpfel gerecht verteilen. ______

b) acht Kinder sechs Kuchenstücke gleichmäßig verteilen. ______

c) vier Kinder drei Pizzas gleichmäßig verteilen. ______

II. Brüche auf verschiedene Arten als Anteile schreiben

3 a) Bestimme die Größe des Anteils.

1 $\frac{3}{4}$ von 72 h: ______ 2 $\frac{11}{50}$ von 400 m: ______

b) Bestimme das Ganze.

1 $\frac{3}{8}$ von ______ sind 6 h. 2 $\frac{5}{7}$ von ______ sind 35 Tage.

4 a) Schreibe als gemischte Zahl.

$\frac{13}{9}$ = ☐ $\frac{29}{5}$ = ☐ $\frac{25}{7}$ = ☐

b) Schreibe als unechten Bruch.

$5\frac{2}{3}$ = ☐ $3\frac{4}{7}$ = ☐ $12\frac{8}{9}$ = ☐

III. Brüche erweitern, kürzen und ordnen

5 a) Erweitere die Brüche.

1 mit 3: $\frac{2}{5}$ = ______ $\frac{7}{6}$ = ______ 2 mit 12: $\frac{2}{3}$ = ______ $2\frac{1}{8}$ = ______

b) Kürze die Brüche.

1 mit 4: $\frac{24}{36}$ = ______ $1\frac{8}{32}$ = ______ 2 mit 7: $\frac{28}{49}$ = ______ $\frac{63}{42}$ = ______

c) Ordne die Brüche der Größe nach.

$\frac{5}{20}$; $\frac{4}{5}$; $\frac{2}{10}$; $\frac{20}{15}$ ☐ < ☐ < ☐ < ☐

d) <, > oder =? Setze ein.

$\frac{2}{5}$ ☐ $\frac{8}{5}$ $\frac{3}{7}$ ☐ $\frac{7}{3}$ $\frac{14}{7}$ ☐ 2 $\frac{1}{12}$ ☐ $\frac{1}{10}$

IV. Dezimalzahlen runden und ordnen

✓

6 Runde auf den angegebenen Stellenwert.

	gerundet auf ...	Einer	Zehntel	Hundertstel	Tausendstel
a)	2,34567				
e)	0,63099				

7 a) Ordne die Dezimalzahlen der Größe nach: 5,102; 5,02; 0,5; 2,5; 5,002

☐ < ☐ < ☐ < ☐ < ☐

b) Markiere alle Zahlen, die den gleichen Wert haben, mit einer Farbe.

0,2	0,02	0,200	0,002	0,020	0,20	0,0200	0,0020

V. Anteile in Prozent angeben

✓

8 Gib an, wie viel Prozent der Fläche gefärbt ist.

a) 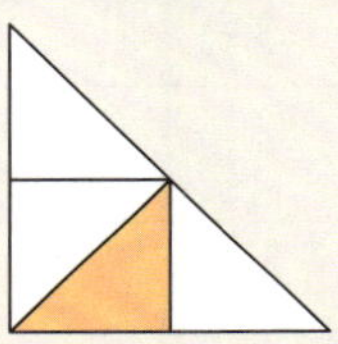 ______

b) 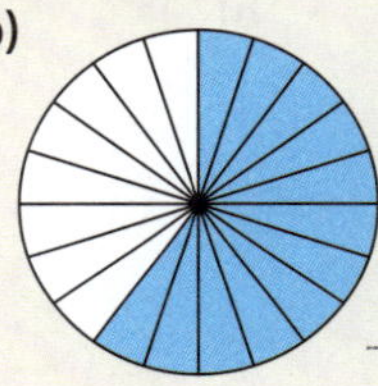 ______

c) 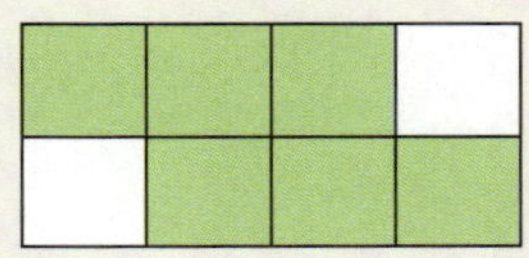 ______

9 a) Wandle in einen Bruch um und kürze soweit wie möglich.

6 % = ☐ 25 % = ☐ 95 % = ☐

b) Wandle in eine Dezimalzahl und in Prozent um.

$\frac{15}{50}$ = ☐ $\frac{3}{30}$ = ☐ $\frac{3}{8}$ = ☐

c) Setze <, > oder = ein.

0,6 ☐ 60 % 88 % ☐ 0,18 $\frac{1}{5}$ ☐ 12 %

Teil	Ich kann bei einfachen Aufgaben ...	Aufgaben	Kreuze an. 0–2	3–4	5–6
I.	... Anteile auf verschiedene Arten bestimmen.	1, 2	☹	😐	☺
II.	... Brüche auf verschiedene Arten als Anteile schreiben.	3, 4	☹	😐	☺
III.	... Brüche erweitern, kürzen und ordnen.	5	☹	😐	☺
IV.	... Dezimalzahlen runden und ordnen.	6, 7	☹	😐	☺
V.	... Anteile in Prozent angeben.	8, 9	☹	😐	☺

1 Welche Rechnung ist dargestellt? Wie viel fehlt dem Ergebnis zum Ganzen?

a) b) c) d) e)

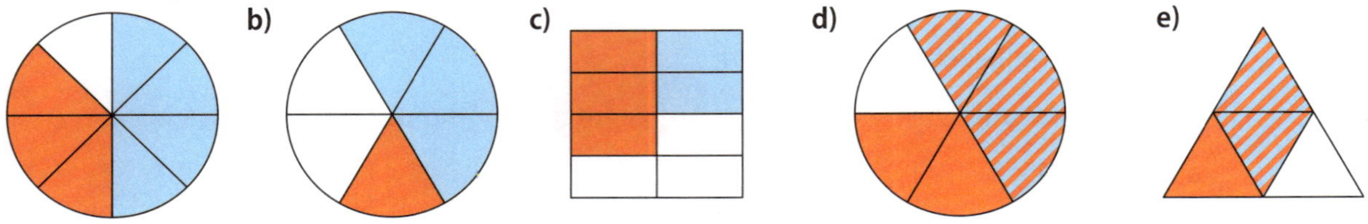

a) $\frac{3}{8} + \frac{4}{8} = \frac{7}{8}$

Es fehlt: $\frac{1}{8}$

2 Berechne und kürze so weit wie möglich. Schreibe als gemischte oder natürliche Zahl, falls möglich.

a) $\frac{5}{8} - \frac{1}{8} =$

b) $\frac{7}{9} + \frac{2}{9} =$

c) $1\frac{5}{6} + 2\frac{1}{6} =$

d) $4\frac{2}{10} - 3\frac{1}{10} =$

3 Vervollständige die Zahlenmauern.

a) +

$\frac{3}{4}$		$\frac{7}{4}$	
$\frac{1}{2}$			$\frac{3}{4}$

b) +

$3\frac{2}{3}$			
	$2\frac{1}{3}$		
	$\frac{5}{6}$		
$\frac{1}{6}$			

4 Hier stimmt etwas nicht. Bestimme die richtige Lösung.

a) $\frac{1}{4} + \frac{2}{4} = \frac{3}{8}$ f

b) $2\frac{5}{7} - 1\frac{3}{7} = \frac{2}{7}$ f

c) $3\frac{2}{9} - 1\frac{4}{9} = 2\frac{2}{9}$ f

5 Bei jedem magischen Quadrat ist der Summenwert der Zahlen in jeder Zeile, in jeder Spalte und in jeder der beiden Diagonalen jeweils gleich groß.

a) Ergänze die fehlenden Brüche so, dass du ein magisches Quadrat erhältst.

$\frac{1}{2}$		$\frac{11}{24}$
	$\frac{1}{3}$	
$\frac{5}{24}$		

b) Ergänze die fehlenden Brüche so, dass die Summe in jeder Zeile, Spalte und Diagonale den Wert 3 hat.

		$\frac{2}{5}$
$\frac{3}{5}$	1	
		$\frac{6}{5}$

1 Schreibe als Multiplikation und bestimme die Lösung rechnerisch und zeichnerisch.

a)
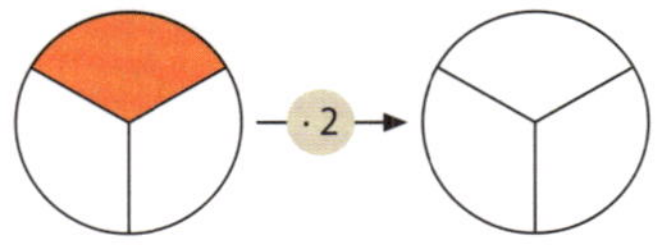

$\frac{1}{3} \cdot 2$ = ____________

b)
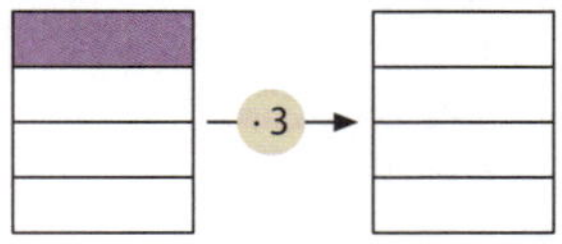

____

c)
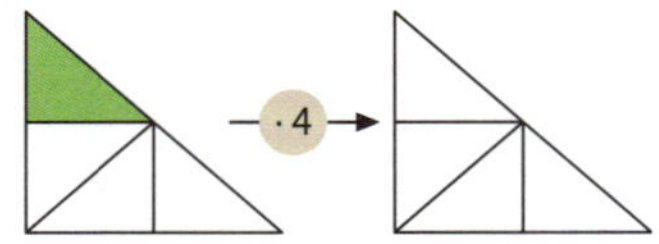

____

2 Vervollständige die Multiplikationstabelle.

·	$\frac{2}{5}$	6	$2\frac{2}{3}$	$\frac{4}{7}$
$\frac{7}{12}$				
$\frac{3}{5}$				
$3\frac{1}{3}$				

3 Welche Fehler wurden hier gemacht? Rechne richtig.

a) $\frac{4}{9} \cdot \frac{7}{9} = \frac{4 \cdot 7}{9} = \frac{28}{9} = 3\frac{1}{9}$ f

b) $3 \cdot \frac{2}{5} = \frac{6}{15}$ f

c) $4\frac{1}{2} \cdot \frac{4}{9} = \frac{4 \cdot 1 \cdot 4}{2 \cdot 9} = 4\frac{2}{9}$ f

4 Berechne das Produkt in der Rechenschnecke.

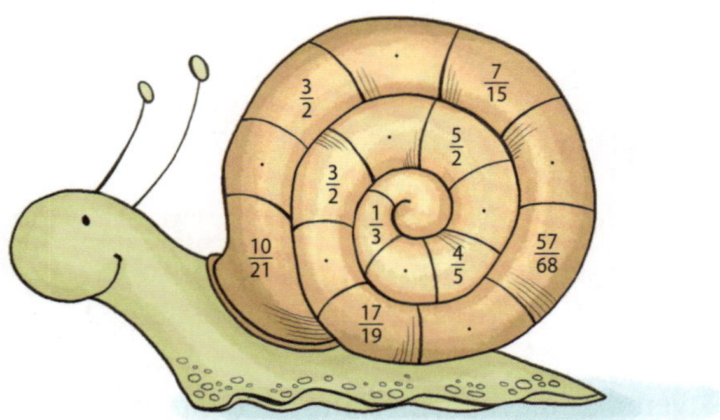

= ____________

5 Bauer Heinrich hat seine Äcker aufgeteilt.

a) Bestimme die einzelnen Anteile.

Weizen: ____________ Mais: ____________ Kartoffeln: ____________ Gras: ____________

b) Bestimme den Anteil an der jeweiligen Fläche.

1 $\frac{3}{4}$ des Kartoffelfeldes sind Frühkartoffeln.

____

2 Die Schweine fressen $\frac{5}{8}$ des Maises.

____

Brüche dividieren

1 Ergänze die fehlenden Angaben.

a)
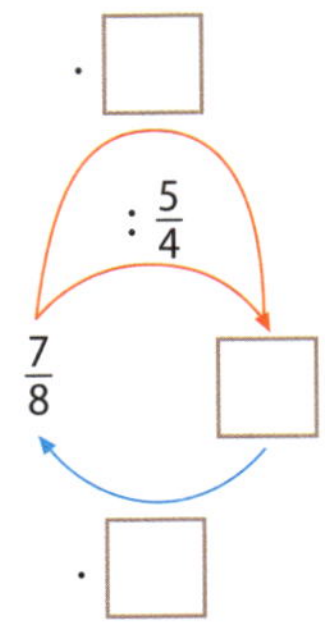

b)
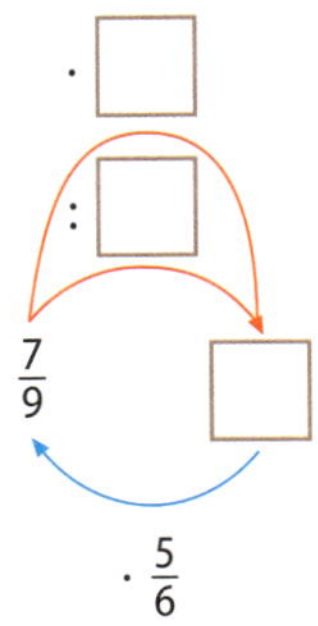

c)
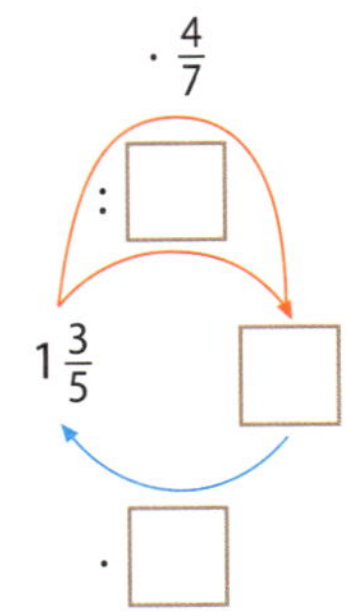

2 Die Abbildungen veranschaulichen Divisionen. Ergänze jeweils die zugehörige Rechnung.

a)
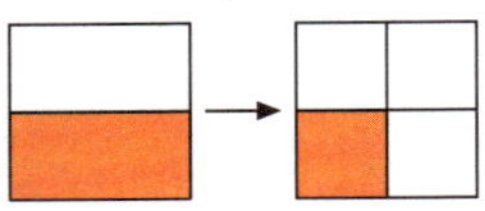

$\frac{1}{2} : 2$

b)
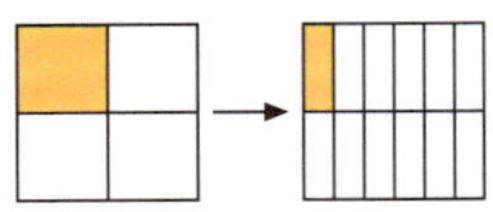

c)
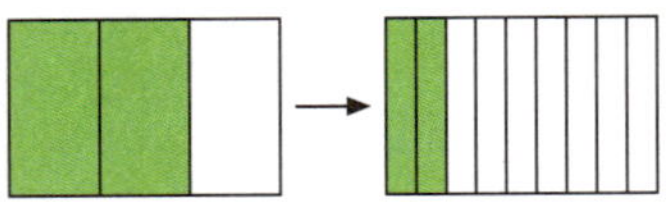

3 Berechne. Schreibe das Ergebnis wenn möglich als gemischte Zahl.

a) $\frac{3}{4} : 7 = \frac{3}{4} : \frac{7}{1} = \frac{3}{4} \cdot \frac{1}{7} = \frac{3}{28}$

$\frac{2}{3} : 5 =$ ______ = ______

$\frac{9}{11} : 12 =$ ______ = ______

b) $70 : \frac{28}{5} =$ ______ = ______

$56 : \frac{7}{8} =$ ______ = ______

$9 : \frac{13}{16} =$ ______ = ______

c) $\frac{72}{18} : \frac{56}{27} =$ ______ = ______

$\frac{30}{7} : \frac{10}{35} =$ ______ = ______

$\frac{28}{35} : \frac{7}{5} =$ ______ = ______

4 Verbinde die Aufgabenkarte mit dem richtigen Ergebnis.

$4\frac{1}{5} : 3$	$\frac{4}{7}$
$5\frac{9}{7} : 11$	$\frac{11}{2}$
$3\frac{2}{3} : \frac{2}{3}$	$1\frac{1}{3}$
$7\frac{1}{8} : \frac{39}{40}$	$\frac{95}{13}$
$2\frac{4}{7} : \frac{3}{5}$	$\frac{7}{5}$
$2\frac{4}{9} : 1\frac{5}{6}$	$4\frac{2}{7}$

1 Berechne.

a)	b)	c)	d)	f)
0,3518	52,93	538,16	43,910	789,50
9,5704	137,52	579,00	7,657	661,92
+ 2,0098	+ 23,64	+ 6,63	− 14,355	− 78,50

2 Suche jeweils zwei Karten, deren Summe eine natürliche Zahl ergibt, und markiere sie mit gleicher Farbe.

7,13 | 8,88 | 1,901 | 12,55 | 0,099 | 2,87 | 9,99 | 13,13

1,45 | 3,257 | 0,12 | 1,743 | 1,01 | 1,68 | 0,87 | 23,32

3 Berechne.

a) 34,745 + 78,49 + 4,148

	3	4	,	7	4	5
	7	8	,	4	9	0
+		4	,	1	4	8

b) 25,9 + 20,72 + 104,206 + 0,33

c) 45,63 − 11,8 − 8,008 − 1

4 Welche Aufgabe passt zum Ergebnis? Kreuze an. Es können auch mehrere Antworten richtig sein.

a) ☐ 0,02 + 2 − 0,2 ☐ 2,02 − 0,2 − 0,02 ☐ 0,22 − 0,02 + 2 = 1,8

b) ☐ 0,95 + 1,1 − 1,05 ☐ 2,42 + 1,65 − 3,07 ☐ 10,4 − 9,3 + 0,2 = 1

c) ☐ 15,25 − 14,98 + 0,48 ☐ 5,35 + 0,25 − 4,75 ☐ 0,05 + 3,7 − 3 = 0,75

5 Welcher Laster gehört zum jeweiligen Parkplatz? Ordne zu. Rechne auf einem Extrablatt.

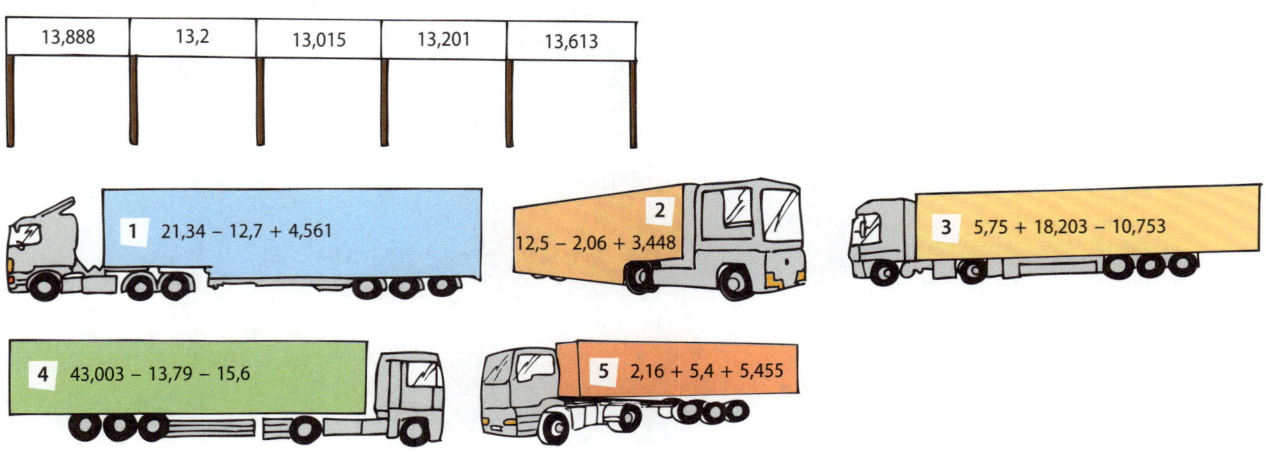

1 Fülle die Tabelle aus.

	· 10	· 100	· 1000	: 10	: 100	: 1000
0,55						
0,99						
1,92						
15,68						
98,87						

2 Mit welcher Zahl wurde multipliziert bzw. dividiert? Ergänze den fehlenden Operator.

a) 5,38 ⟶ 53,8 **b)** 1,225 ⟶ 122,5 **c)** 0,805 ⟶ 0,000805

d) 1,2525 ⟶ 0,12525 **e)** 2,22 ⟶ 0,0222 **f)** 0,025 ⟶ 250

3 Ordne die Ergebnisse den passenden Rechenaufgaben zu. Verbinde die Kärtchen miteinander.

6,06 · 1000 0,66 · 10 0,00666 : 100 66 000 : 100

660 0,66 0,000066 6060

4 Wie groß sind die Entfernungen in Wirklichkeit (Luftlinie)?

a) Heilbronn – Heidelberg

gemessene Strecke: ________ cm

wirkliche Strecke: ________ km

b) Karlsruhe – Reutlingen

gemessene Strecke: ________ cm

wirkliche Strecke: ________ km

c) Sinsheim – Ulm

gemessene Strecke: ________ cm

wirkliche Strecke: ________ km

d) Pforzheim – Friedrichshafen

gemessene Strecke: ________ cm

wirkliche Strecke: ________ km

1 Berechne.

	· 2	· 5	· 20	· 50
214,2015				
35,76				
1,8				
0,03				

2 Berechne.

a) 3,15 · 4,9

b) 0,75 · 12

c) 135,67 · 8,03

d) 21,55 · 4,45

e) 17,07 · 0,43

f) 56,78 · 17,5

3 Multipliziere jeweils die größte mit der kleinsten Zahl. Runde das Ergebnis auf Einer und Zehntel.

a) 0,45; 0,238; 0,079; 0,05

b) 1,555; 155,5; 1555; 15,55

c) 0,4302; 4,32; 23,4; 4,3

4 Berechne. Die Lösungen ergeben ein Lösungswort: *Ich bin ein Rechen-* ______.

7,0825 · 3 = ____

A 212,475 **K** 21,2475
U 2,12475 **S** 21,2457

4,8 · 0,1 = ____

A 4,8 **U** 48
Ö 0,48 **T** 0,048

0,3 · 0,2 = ____

M 0,6 **S** 0,05
N 0,06 **A** 0,5

21,5 · 1,25 = ____

IG 26,875 **R** 2,6875
UL 28,675 **D** 28,765

1 Ordne jedem Term den richtigen Wert zu.

a) 114,27 : 100 — 1,1477 | 11 427 | 0,11427

b) 0,25 : 1000 — 25 | 250 | 0,00025

c) 10,07 : 10 — 110,7 | 1,007 | 0,1007

2 Die obere Rechnung ist gegeben. Bestimme im Kopf die Werte der anderen Terme.

a) 328,62 : 3 = 109,54
32,862 : 3 = ______
32 862 : 3 = ______
0,32862 : 3 = ______

b) 8,505 : 15 = 0,567
85,05 : 15 = ______
0,8505 : 15 = ______
850,5 : 15 = ______

c) 28,84 : 28 = 1,03
0,2884 : 28 = ______
288,4 : 28 = ______
28 840 : 28 = ______

d) 0,04 : 20 = 0,002
4 : 20 = ______
0,4 : 20 = ______
0,0004 : 20 = ______

3 Berechne.

a) 22,5 : 5 =

b) 25,85 : 11 =

c) 2,25 : 1,5 =

d) 15,8 : 0,4 =

4 Wähle jeweils den Dividenden und Divisor so aus, dass du das zugehörige Ergebnis des Quotienten findest. Markiere zusammengehörende Felder in gleicher Farbe (jedes Feld nur ein Mal!).

Dividend		
0,5	0	0,0027
8,8	27	4,5
0,5	0,99	0,006

Divisor		
0,000006	12,05	8,8
0,27	0,005	9,9
0,05	0,45	0,00027

Ergebnis des Quotienten		
0,01	100 000	100
10	10	1000
0,1	0	1

1 Eine Langstreckenläuferin trainiert jeden Tag in der Woche für den Marathon die gleiche Strecke. Insgesamt läuft sie in einer Woche 128,8 km. Wie lang ist ihre tägliche Laufstrecke?

Die Strecke ist pro Tag ______________ lang.

2 Berechne und gib das Ergebnis in der jeweils größten vorkommenden Einheit an.

a) 5 dm + 84 cm + 3 m = *50 cm + 84 cm + 300 cm =* ______________

b) 3 t − 272 kg + 61 g = ______________

c) 17 min + 95 s + 43 min + 25 s = ______________

d) 2,5 km + 229 m − 14 000 cm = ______________

3 Emma, Niklas, Julia und Daniel machen in den Sommerferien jeweils mit ihren Eltern eine Radtour. Zu Beginn und am Ende der Tour liest jedes Kind den Stand seines Kilometerzählers ab. Ergänze die Tabelle.

	Emma	Niklas	Julia	Daniel
Zählerstand zu Beginn	257,6 km	412,9 km	15,8 km	333,7 km
Zählerstand am Ende	401,2 km	600,1 km	208,3 km	400,4 km
Länge der gefahrenen Strecke				

Ordne die gefahrenen Kilometer der Größe nach. Beginne mit der kleinsten.

______________ < ______________ < ______________ < ______________

4 Berechne. Nutze ein Extrablatt für Rechnungen.

a) 628 € · 123 = ______________

b) 24 h : 48 = ______________

c) 18 cm · 4 : 3 = ______________

d) 12,5 kg : 5 · 8 = ______________

5 Ergänze jeweils die Tabelle.

a)

Von …	**0,819 kg**	**97 g**	**0,555 kg**	**0,23 kg**
fehlen auf 1 kg:	*181 g = 0,181 kg*			

b)

Von …	**0,123 t**	**567 kg**	**0,009 t**	**43 kg**
fehlen auf 1 t:	*877 kg = 0,877 t*			

c)

Von …	**991 mm**	**45 cm**	**2,3 dm**	**0,64 m**
fehlen auf 1 m:	*9 mm = 0,009 m*			

d)

Von …	**53 min 7 s**	**1440 s**	**17 min 38 s**	**34 min 17 s**
fehlen auf 1 h:	*6 min 53 s = 413 s*			

I. Brüche addieren und subtrahieren

1 Verbinde die passende Aufgabe mit der richtigen Lösung.

a) $\frac{1}{4} + \frac{35}{4}$ $\frac{19}{4} + \frac{16}{4}$ $\frac{3}{4} + \frac{10}{4}$

$\frac{3}{4}$ $\frac{13}{4}$ $\frac{5}{4}$

b) $\frac{13}{4} - \frac{11}{4}$ $\frac{19}{4} - \frac{16}{4}$ $\frac{21}{4} - \frac{16}{4}$

$\frac{2}{4}$ $\frac{36}{4}$ $\frac{35}{4}$

2 Kreuze das richtige Ergebnis an.

a) $\frac{3}{5} + \frac{5}{8} =$ ☐ $\frac{8}{13}$ ☐ $\frac{8}{40}$ ☐ $\frac{49}{40}$ ☐ $\frac{15}{40}$

b) $4 + \frac{5}{7} =$ ☐ $\frac{33}{7}$ ☐ $\frac{9}{7}$ ☐ $\frac{20}{28}$ ☐ $\frac{9}{28}$

c) $\frac{3}{4} - \frac{2}{3} =$ ☐ $\frac{1}{1}$ ☐ $\frac{1}{2}$ ☐ $\frac{1}{7}$ ☐ $\frac{1}{12}$

d) $\frac{17}{6} - 2 =$ ☐ $\frac{15}{6}$ ☐ $\frac{15}{4}$ ☐ $\frac{5}{6}$ ☐ $\frac{5}{4}$

II. Brüche multiplizieren und dividieren

3 Vervollständige die Multiplikationstabelle und kürze so weit wie möglich.

$\cdot$	$\frac{1}{20}$	$2\frac{3}{2}$
$\frac{2}{8}$		
$\frac{1}{11}$		
$\frac{12}{11}$		

4 a) Berechne im Kopf.

1 $3 : \frac{1}{2} =$ ☐

2 $4 : \frac{1}{10} =$ ☐

b) Berechne. Kürze so weit wie möglich.

1 $\frac{5}{7} : \frac{7}{5} =$ ☐

2 $\frac{1}{36} : \frac{1}{480} =$ ☐

3 $3\frac{1}{6} : 1\frac{2}{3} =$ ☐

4 $5\frac{4}{5} : \frac{3}{4} =$ ☐

III. Dezimalzahlen addieren und subtrahieren

✓

5 Bestimme die fehlende Zahl.

a) 2,345 + ☐ = 4,129 13,214 − ☐ = 6,338 ☐

b) 0,043 + ☐ = 1,1 2,348 − ☐ = 1,5 ☐

c) ☐ + 14,2 = 18,19 ☐ − 0,0025 = 0,45 ☐

6 Ergänze die fehlenden Angaben.

a)
```
  1 7 , ☐ 5 1
+   ☐ , 2 ☐ 6
-------------
  2 1 , 9 6 ☐
```

b)
```
  4 , 5 ☐ 3
− 2 , ☐ 4 4
-----------
  1 , 5 5 ☐
```

c)
```
  ☐ , 7 ☐ ☐
− 3 , 2 7 3
-----------
  2 , ☐ 9 2
```

☐ ☐ ☐

IV. Dezimalzahlen multiplizieren und dividieren

✓

7 Vervollständige die Zahlenmauer.

a) oben: ☐; Mitte: ☐ · ☐; unten: 1,2 · 10 · 4,3

b) oben: ☐; Mitte: ☐ · 6,3; unten: 0,5 · 4,2 · ☐

c) oben: 25,6; Mitte: 32 · ☐; unten: ☐ · 1,6 · ☐

☐ ☐ ☐

8 Wenn du alles richtig verbunden hast, erhältst du das Lösungswort.

5,5 · 0,5	17,8 · 0,44	11,2 : 14	181,2 : 0,2	56 : 0,8	4 · 4,08
E: 16,32	**K:** 2,75	**S:** 906	**S:** 70	**A:** 0,8	**L:** 7,832

☐ ☐ ☐

Lösungswort: ___ ___ ___ ___ ___ ___

Teil	Ich kann bei einfachen Aufgaben ...	Aufgaben	Kreuze an. 0–2	3–4	5–6
I.	... Brüche addieren und subtrahieren.	1, 2	☹	😐	☺
II.	... Brüche multiplizieren und dividieren.	3, 4	☹	😐	☺
III.	... Dezimalzahlen addieren und subtrahieren.	5, 6	☹	😐	☺
IV.	... Dezimalzahlen multiplizieren und dividieren.	7, 8	☹	😐	☺

1 Ordne die Flächeneinheiten sinnvoll zu und trage die Buchstaben ein. Es entsteht ein Lösungswort.

E	mm^2	**W**	mm^2	**A**	km^2	**P**	cm^2	**T**	ha
E	a	**H**	cm^2	**R**	km^2	**M**	m^2	**O**	m^2

Klassenzimmer		Stuttgart		Weizenfeld		Notizheft		Briefmarke	
Postkarte		Tafel		Knopf		Fußballplatz		Deutschland	

2 Trage die Zahlen in die Stellentafel ein und vervollständige die letzte Spalte.

		km^2		ha		a		m^2		dm^2		cm^2		mm^2			
a)	**7580 m^2**															=	ha
b)	**5790 cm^2**															=	dm^2
c)	**3 ha**															=	a
d)	**65 000 mm^2**															=	dm^2

3 Wandle in die nächstgrößere Einheit um.

a) 400 cm^2 = ______ **b)** 15 000 cm^2 = ______ **c)** 7500 ha = ______ **d)** 840 000 a = ______

65 dm^2 = ______ 375 m^2 = ______ 0,5 ha = ______ 0,25 a = ______

4 Schreibe in der angegebenen Einheit.

a) 425 cm^2 = ______ m^2 **b)** 90 mm^2 = ______ cm^2 **c)** 2,75 a = ______ cm^2

15 m^2 = ______ dm^2 333 ha = ______ m^2 2,4 m^2 = ______ mm^2

60 000 dm^2 = ______ cm^2 56 km^2 = ______ m^2 5,5 ha = ______ dm^2

5 Suche jeweils drei Flächenangaben (in jedem der drei großen Rechtecke jeweils eine), die die gleiche Größe darstellen, und markiere sie gleichfarbig.

27 a	2,7 m^2
27 cm^2	2,7 km^2
3 · 9 mm^2	12,5 km^2 + 14,5 km^2
270 mm^2	57 dm^2 – 3000 cm^2

0,27 dm^2	27 000 a
27 dm^2	2700 m^2
270 dm^2	27 mm^2
27 km^2	2,7 cm^2

1 cm^2 – 73 mm^2	0,27 ha
0,0027 a	270 ha
27 000 cm^2	2700 mm^2
27 dm^2 : 1000	810 km^2 : 30

1 Gib den Flächeninhalt der Figuren in cm^2 an.

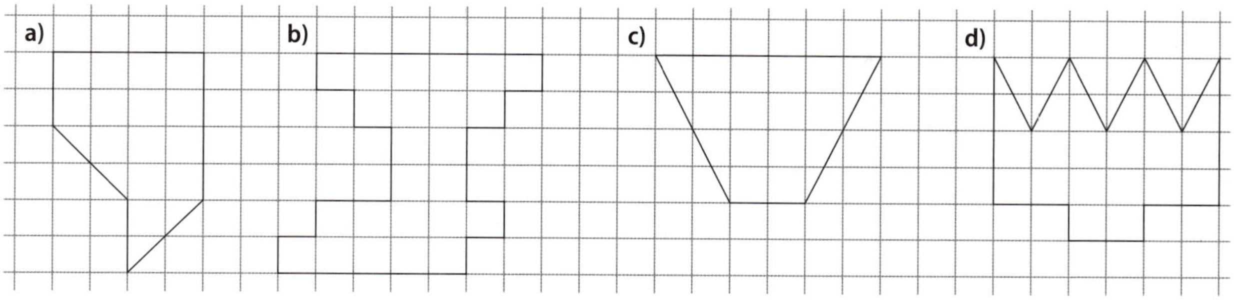

2 Wandle die Figuren in Rechtecke mit gleichem Flächeninhalt um.

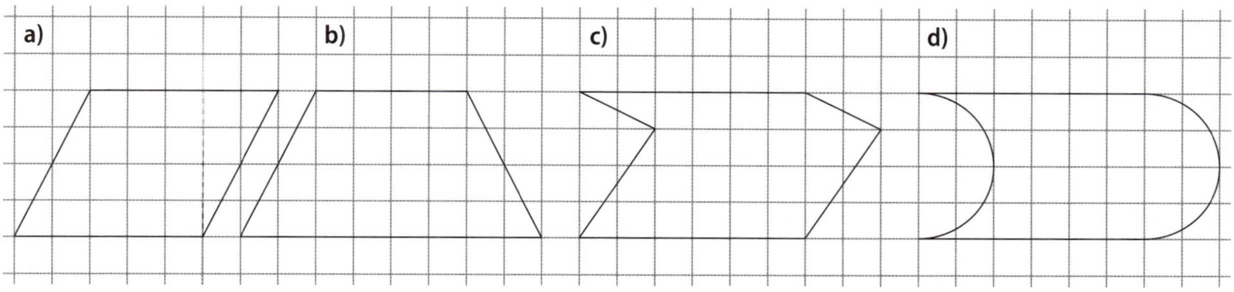

3 Je eine Figur in der oberen Reihe hat den gleichen Flächeninhalt wie eine Figur in der unteren Reihe. Verbinde zusammengehörende Figuren. Färbe zerlegungsgleiche Flächen gleich ein.

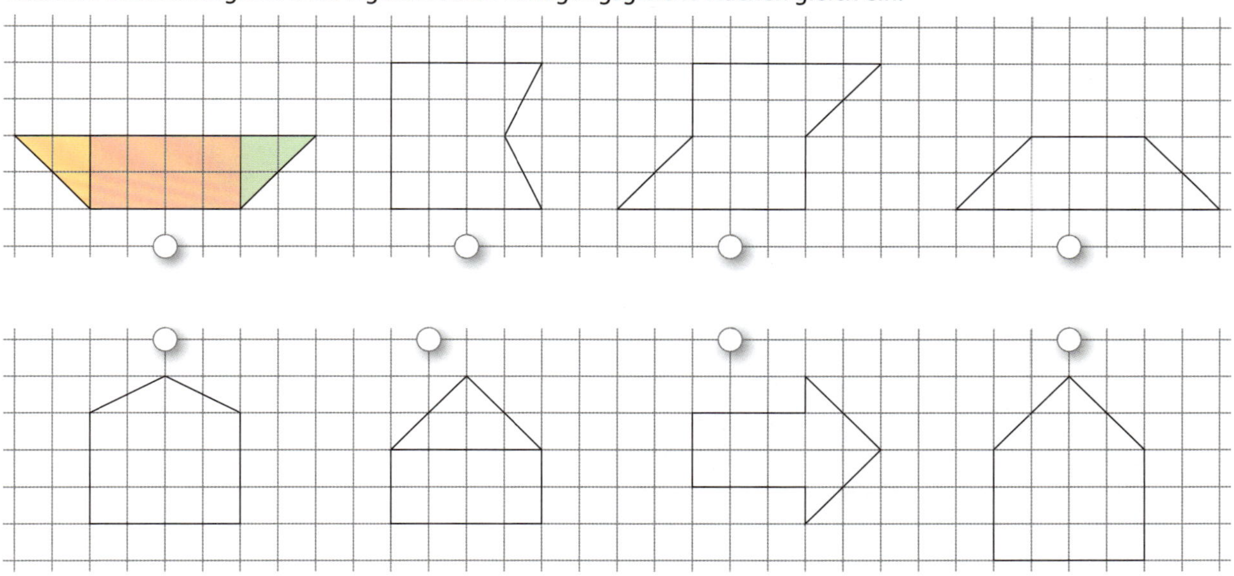

4 Richtig oder falsch? Das Quadrat LUPE hat den gleichen Flächeninhalt wie die Quadrate LIED und PIUS zusammen.

☐ richtig

☐ falsch

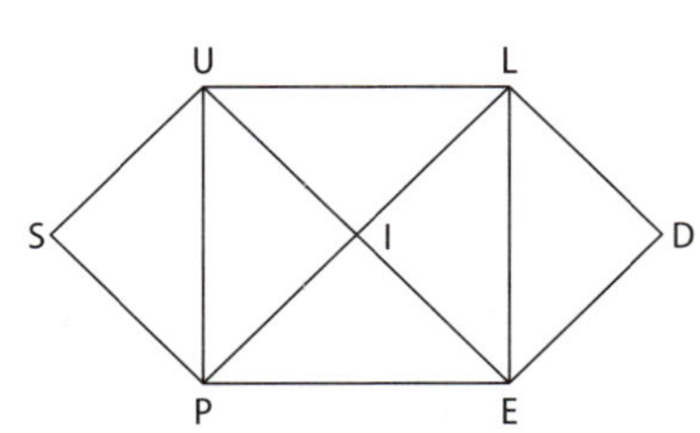

Flächeninhalt und Umfang des Parallelogramms

1 Wandle das Parallelogramm in ein flächengleiches Rechteck um.

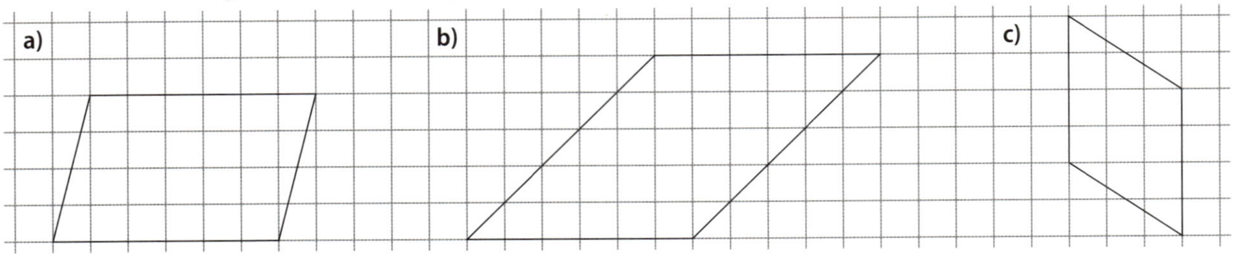

2 Berechne den Flächeninhalt der Parallelogramme. Markiere und miss jeweils die Grundseite und die Höhe.

a)

A = ______________________

b)

A = ______________________

c)

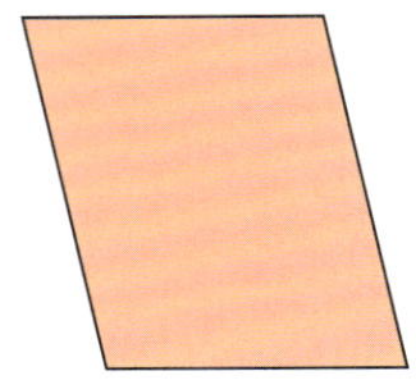

A = ______________________

3 Berechne den Flächeninhalt des Parallelogramms auf zweierlei Weisen. Bestimme auch den Umfang.

a)

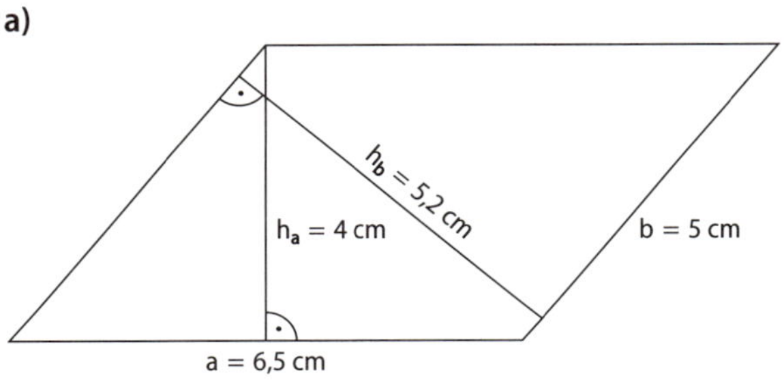

1 A_P = ______________________

2 A_P = ______________________

3 U_P = ______________________

b)

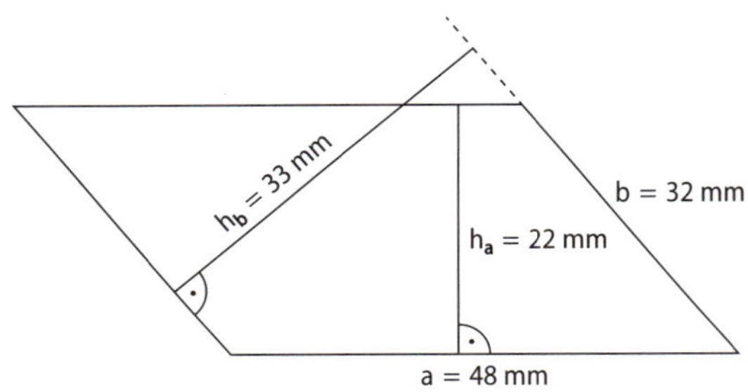

1 A_P = ______________________

2 A_P = ______________________

3 U_P = ______________________

4 a) Zeichne das Parallelogramm mit A(0|1), B(6|0), C(7|4), D(1|5) und berechne seinen Flächeninhalt. Wähle eine geeignete Grundseite und Höhe.

b) Verbinde die Mittelpunkte der Seiten nacheinander und berechne auch den Flächeninhalt des kleinen Parallelogramms.

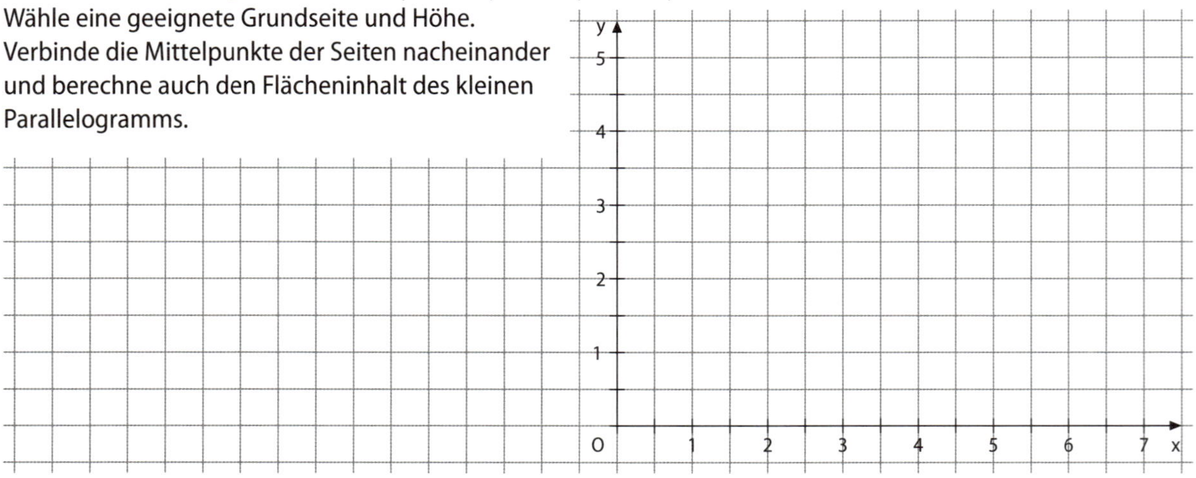

1 Ergänze das Dreieck zum angegebenen Viereck. Bestimme daraus die Formel für den Flächeninhalt eines Dreiecks.

a) Parallelogramm

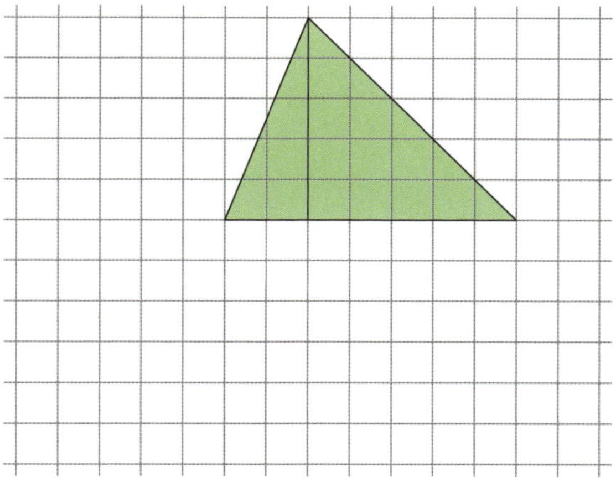

b) Rechteck

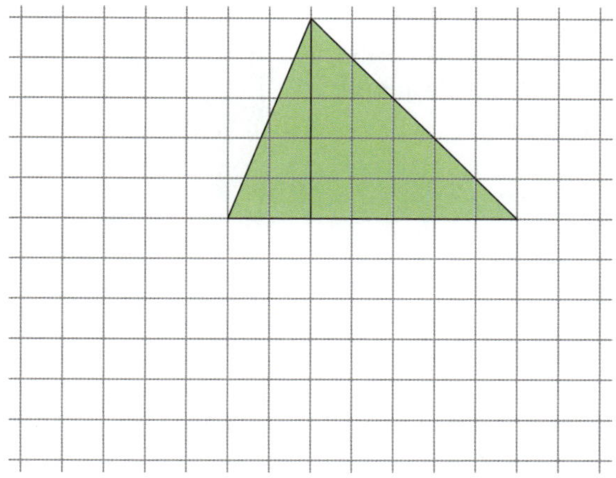

2 Berechne den Flächeninhalt und den Umfang der Dreiecke. Notiere zunächst Grundseite g und Höhe h.

a)

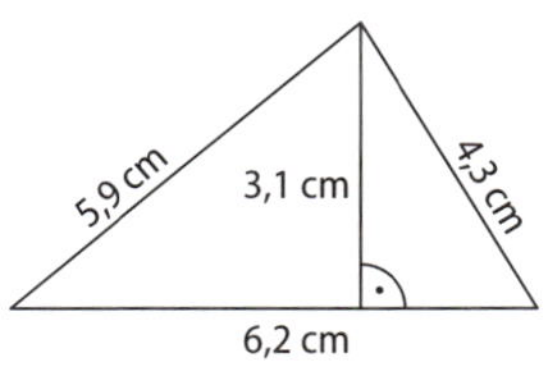

$g =$ ______ $h =$ ______

$A_D =$ ______

______

$U_D =$ ______

b)

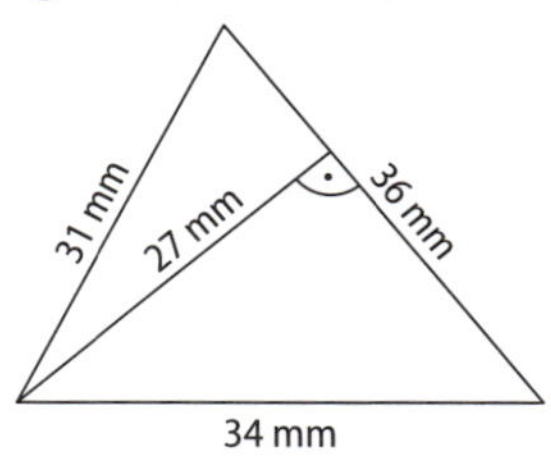

$g =$ ______ $h =$ ______

$A_D =$ ______

______

$U_D =$ ______

c)

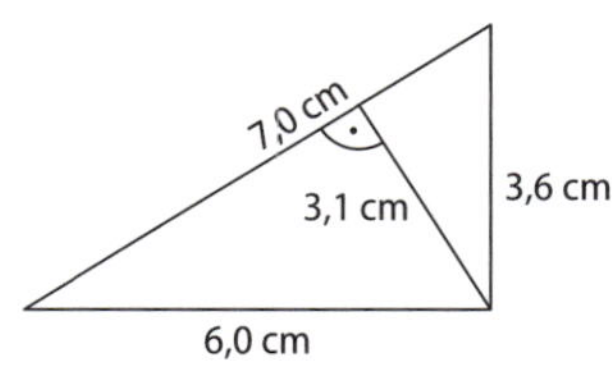

$g =$ ______ $h =$ ______

$A_D =$ ______

______

$U_D =$ ______

3 Der Dachgiebel soll auf beiden Seiten dieses Hauses renoviert und mit Holz verkleidet werden.

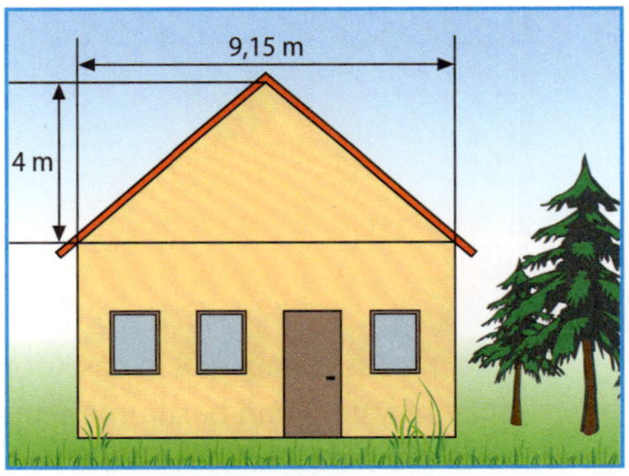

a) Wie viele m^2 sollen verkleidet werden?

Antwort: Es müssen ______ m^2 verkleidet werden.

b) Da sich das Holz teilweise überdeckt, muss $\frac{1}{3}$ mehr Holz bestellt werden. Wie viele m^2 sind es dann insgesamt?

Antwort: Es werden insgesamt ______ m^2 Holz benötigt.

1 Berechne den Flächeninhalt des zusammengesetzten Vielecks. Nutze Symmetrien aus. Entnimm Maße aus der Zeichnung.

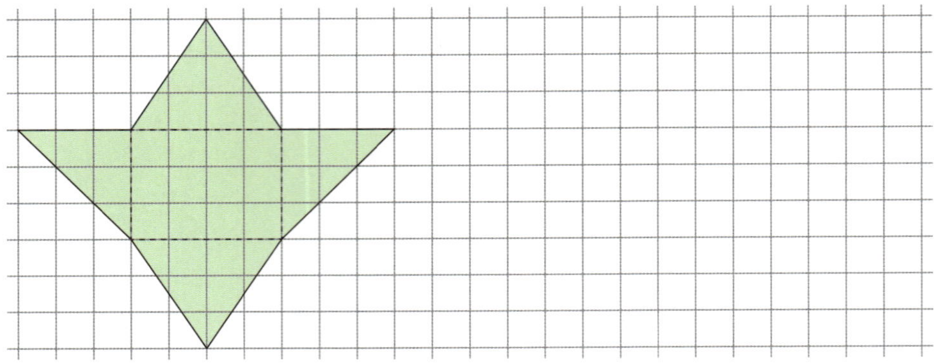

2 Berechne den Flächeninhalt und den Umfang der Trapeze. Miss die notwendigen Seitenlängen ab.

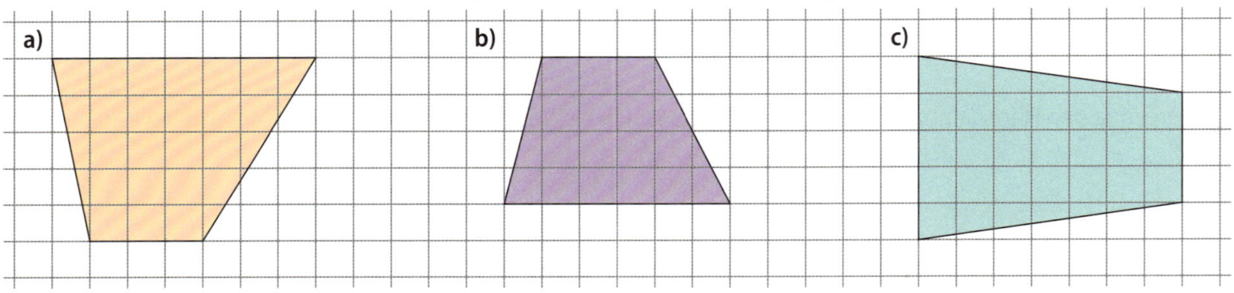

A_{Tr} = ______________ A_{Tr} = ______________ A_{Tr} = ______________

$U_{Tr} \approx$ ______________ $U_{Tr} \approx$ ______________ $U_{Tr} \approx$ ______________

3 Zerlege die Figuren in Dreiecke oder Trapeze und berechne deren Flächeninhalt auf einem Extrablatt.

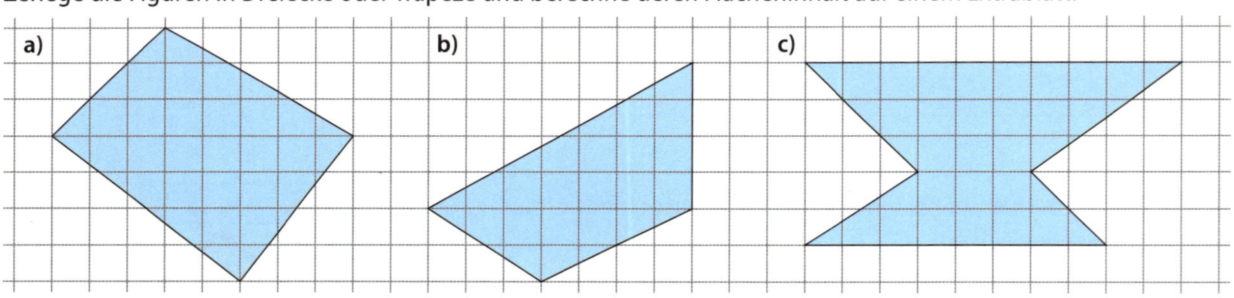

A = ______________ A = ______________ A = ______________

4 **a)** Zeichne das Trapez TIER in das Koordinatensystem und bestimme seinen Flächeninhalt.
T(−1,5 | −1); I(2,5 | −1); E(2 | 3); R(0 | 3)

A_{Tr} = ______________

____

b) Ergänze das Trapez zu einem Parallelogramm TOUR, das den doppelten Flächeninhalt besitzt.

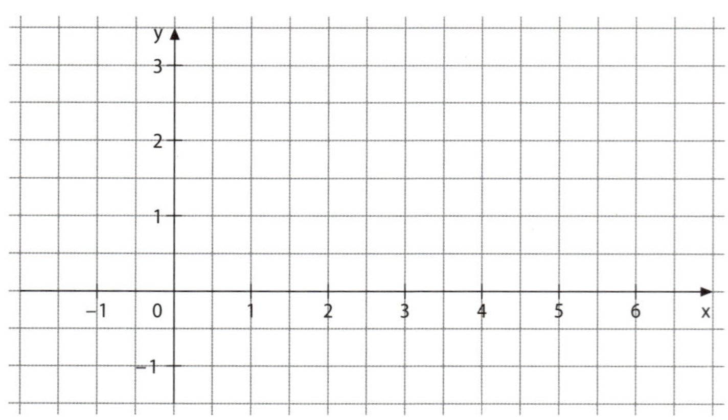

5 Berechne den Flächeninhalt der Figuren. Entnimm die notwendigen Maße der Zeichnung.

a)

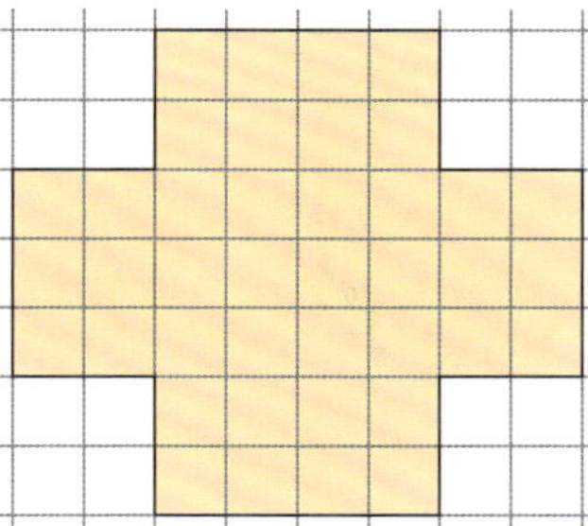

b)

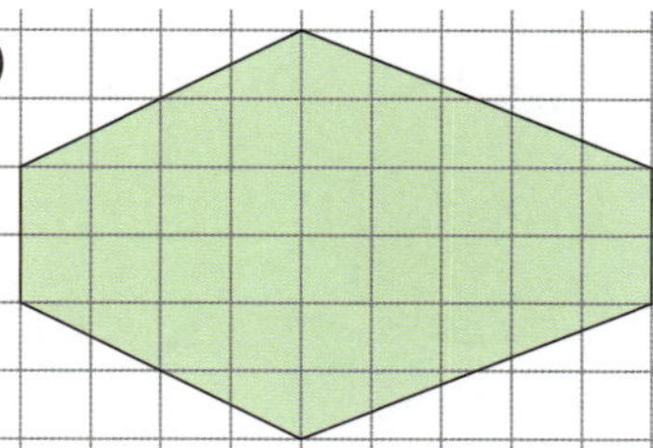

c)

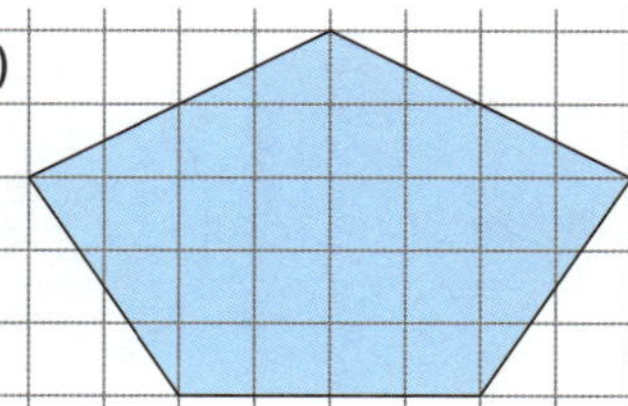

6 In Kantinen werden häufig Tabletts verwendet.

a) Bestimme den Flächeninhalt des Tabletts.

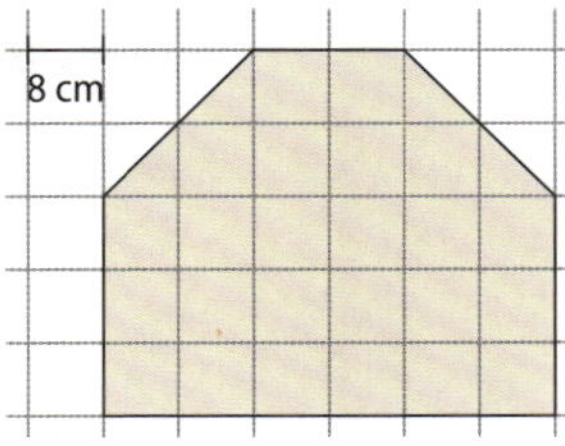

b) Derartige Tabletts sind deshalb beliebt, weil man sie auf quadratischen Tischen besonders gut anordnen kann.

1 Welche Seitenlänge muss ein solcher quadratischer Tisch mindestens haben? Nutze die Zeichnung.

2 Bestimme mit dieser Seitenlänge für die Anordnung nebenan die Fläche des Tisches, die noch sichtbar bleibt.

7 Aus einer rechteckigen Sperrholzplatte soll eine drachenförmige Fläche ausgesägt werden.
Wie viel cm^2 Abfall entstehen?

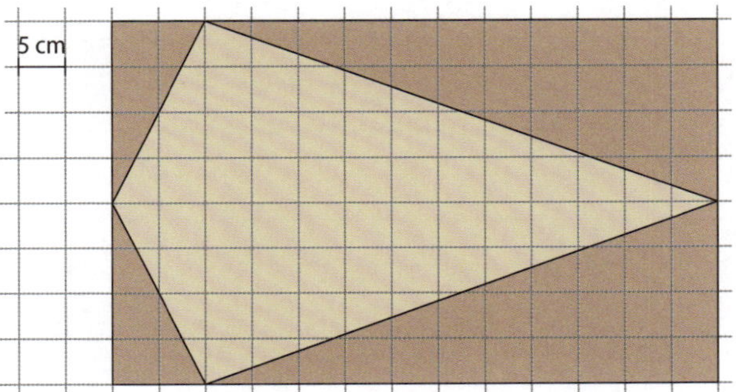

1 Miss den Durchmesser der Münzen und runde ihn auf ganze Millimeter. Vervollständige die Tabelle.

Münze					
Durchmesser d					
Radius r					
Umfang U					

2 Die Erde hat einen Äquatorradius von 6378 km. Wie groß ist der Äquatorumfang?

3 Sonja bastelt für eine Halloween-Party einen großen Hexenhut. Damit man sie nicht sofort erkennt, spannt sie um den Rand des Hutes Tüll. Für diese Umspannung braucht sie 2,67 m Tüllstoff. Wird sie mit ihrem Hut durch die 90 cm breite Tür des Partyraumes passen?

Antwort: ______________________

4 Zur Herstellung von runden Strohballen wird eine Rundballenpresse verwendet. Hat der Strohballen eine bestimmte Größe erreicht, wird er mit drei Seilen umbunden. Jedes der Seile wird einzeln verknotet. Welchen Radius haben Bauer Martins Strohballen, wenn für jeden Knoten 10 cm Seil benötigt werden und Martin pro Ballen insgesamt 15,372 m braucht?

Antwort: ______________________

1 Bestimme Flächeninhalt und Umfang der Kreise. Bestimme zunächst den Radius durch Messung.

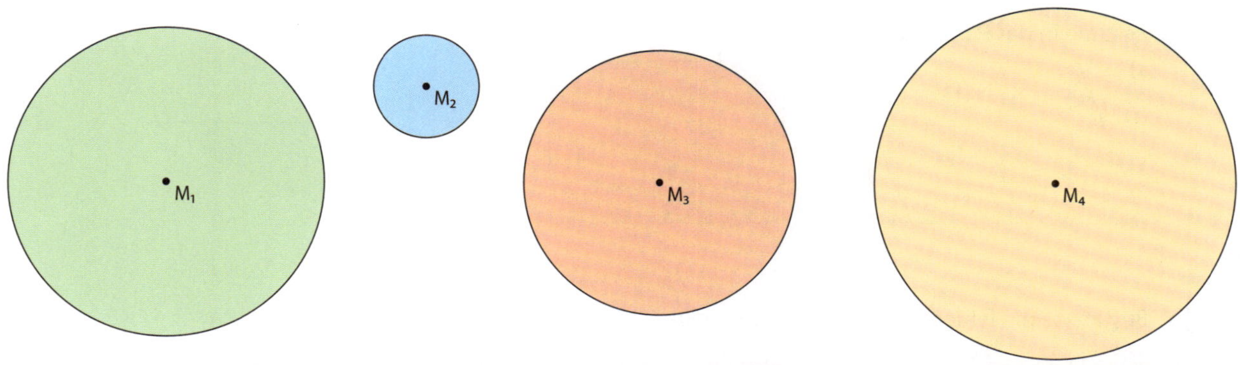

Kreis 1	Kreis 2	Kreis 3	Kreis 4
r =	r =	r =	r =
$U_K \approx$	$U_K \approx$	$U_K \approx$	$U_K \approx$
$A_K \approx$	$A_K \approx$	$A_K \approx$	$A_K \approx$

2 Berechne die fehlenden Kreisgrößen.

	a)	b)	c)	d)	e)	f)	g)
r	4 m	15 cm					
d			12 cm				
U_K				62,8 dm	7,85 m		
A_K						78,5 km^2	1256 cm^2

3 Das Schaf „Bjööörn“ wird zum Grasen auf einer Blumenwiese an einer 6,5 m langen Leine an einem Pflock angebunden. Wie groß ist die Fläche, die das Schaf abgrasen kann?

Antwort: ______________________________

4 Die Mittelinsel des abgebildeten Kreisverkehrs soll von einem Landschaftsgärtner neu gestaltet werden. Nachdem der Gärtner die Insel vermessen hat, stellt er fest, dass er 254,34 m^2 zur Verfügung hat. Welchen Durchmesser hat die Mittelinsel?

Antwort: ______________________________

I. Flächeninhalt und Umfang von Parallelogrammen

1 Zeichne in das Parallelogramm jeweils zu jeder Grundseite die zugehörige Höhe ein.

2 Bestimme die fehlenden Werte in der Tabelle.

	a)	b)	c)
Seitenlänge a	5,5 cm	3,5 cm	
Seitenlänge b	3,4 cm		24 cm
Höhe h_a	2,8 cm		2 dm
Flächeninhalt A_P		10,5 cm²	2,8 dm²
Umfang U_P		13,8 cm	

II. Flächeninhalt und Umfang von Dreiecken

3 Zeichne zu jeder Dreiecksseite die zugehörige Höhe ein.

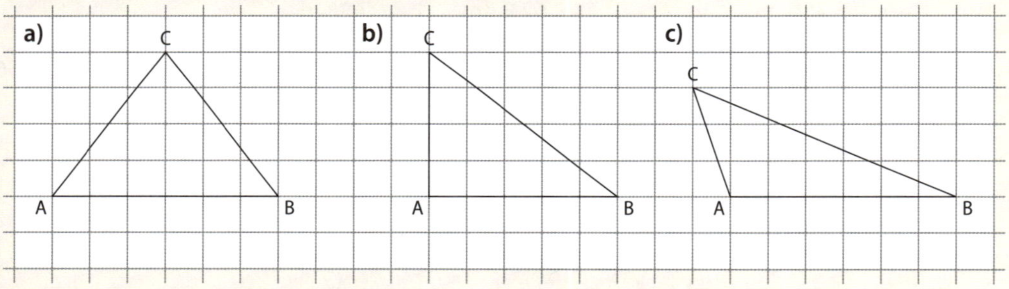

4 Bestimme den Flächeninhalt und den Umfang der Dreiecke.
Bestimme fehlende Größen durch Messen.

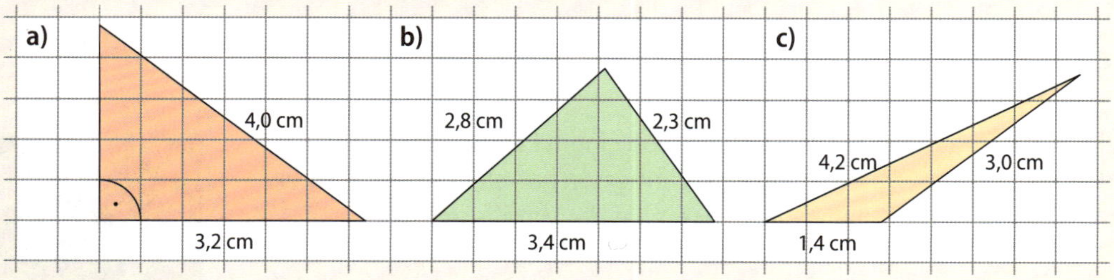

A_D = ______________ A_D = ______________ A_D = ______________

U_D = ______________ U_D = ______________ U_D = ______________

III. Flächeninhalt und Umfang von Vielecken

5 Kreuze an, mit welcher Rechnung die angegebene Größe berechnet werden kann.

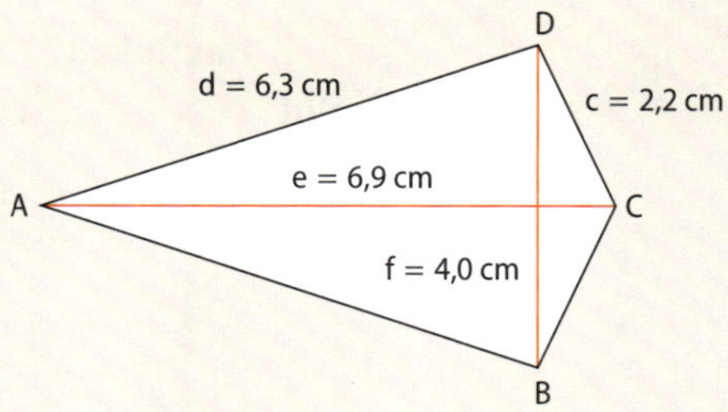

- ☐ $A_{Dr} = \frac{1}{2} \cdot (6{,}3\text{ cm} \cdot 2{,}2\text{ cm})$
- ☐ $A_{Dr} = \frac{1}{2} \cdot 6{,}9\text{ cm} \cdot 4{,}0\text{ cm}$
- ☐ $U_{Dr} = 2 \cdot (6{,}3\text{ cm} \cdot 2{,}2\text{ cm})$
- ☐ $U_{Dr} = 6{,}3\text{ cm} + 2{,}2\text{ cm} + 6{,}3\text{ cm} + 2{,}2\text{ cm}$

6 Berechne den Flächeninhalt des Flugdrachen.

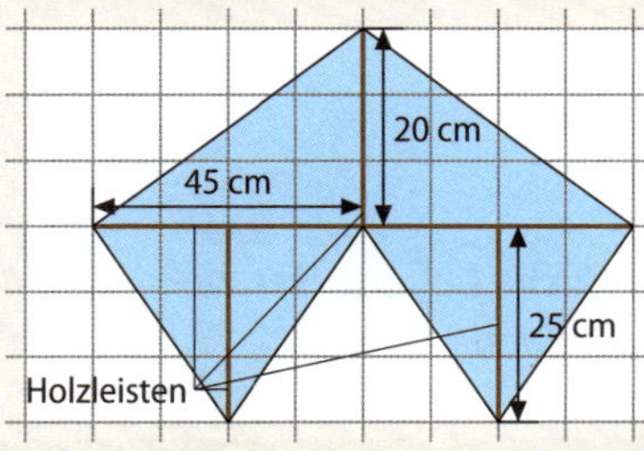

Flächeninhalt: ______ cm^2

IV. Flächeninhalt und Umfang des Kreises

7 Bestimme die fehlende Größe.

	a)	b)	c)	d)
Radius r	2,4 cm			
Umfang U_K		6,28 m	21,98 cm	
Flächeninhalt A_K				113,04 dm^2

8 Kreuze richtige Aussagen an.

- ☐ Wenn sich der Radius verdoppelt, dann verdoppelt sich auch der Umfang des Kreises.
- ☐ Wenn sich der Radius verdoppelt, dann verdoppelt sich auch der Flächeninhalt des Kreises.

Teil	Ich kann bei einfachen Aufgaben ...	Aufgaben	Kreuze an. 0–2	3–4	5–6
I.	... den Flächeninhalt und den Umfang von Parallelogrammen bestimmen.	1, 2			
II.	... den Flächeninhalt und den Umfang von Dreiecken bestimmen.	3, 4			
III.	... den Flächeninhalt und den Umfang von Vielecken bestimmen.	5, 6			
IV.	... den Flächeninhalt und den Umfang von Kreisen bestimmen.	7, 8			

1 Die Tabelle stellt das Ergebnis einer Schülerbefragung zur Frage dar, welches Buch als nächstes im Deutschunterricht der Klassen 6 gelesen werden soll.

a) Bestimme die Häufigkeiten in der Tabelle.

Titel	Strichliste	Häufigkeit	
		absolut	relativ
Frei wie ein Vogel	卌 卌 卌 卌 卌 卌 ǁ		
Die Stacheln des Igels	卌 卌 卌 卌 ǁǁ		
Der weiße Rabe	卌 ǀǀǀ		

b) Wie viele Schüler wurden befragt?

Es wurden insgesamt ______ Schüler befragt.

2 In einer Studie wurden Jugendliche zu ihren Freizeitaktivitäten in einer Woche befragt. Das Balkendiagramm zeigt das Ergebnis, wie 100 Mädchen und 100 Jungen im Schnitt geantwortet haben.

a) Beantworte die Fragen.

1 Wie viele Jungen treiben Sport?

______

2 Wie viele Jugendliche kaufen pro Woche ein?

______

3 Wie viele Mädchen malen oder basteln etwas in einer Woche?

______

4 Wie viel mehr Jungen als Mädchen machen in der Woche etwas mit der Familie?

______

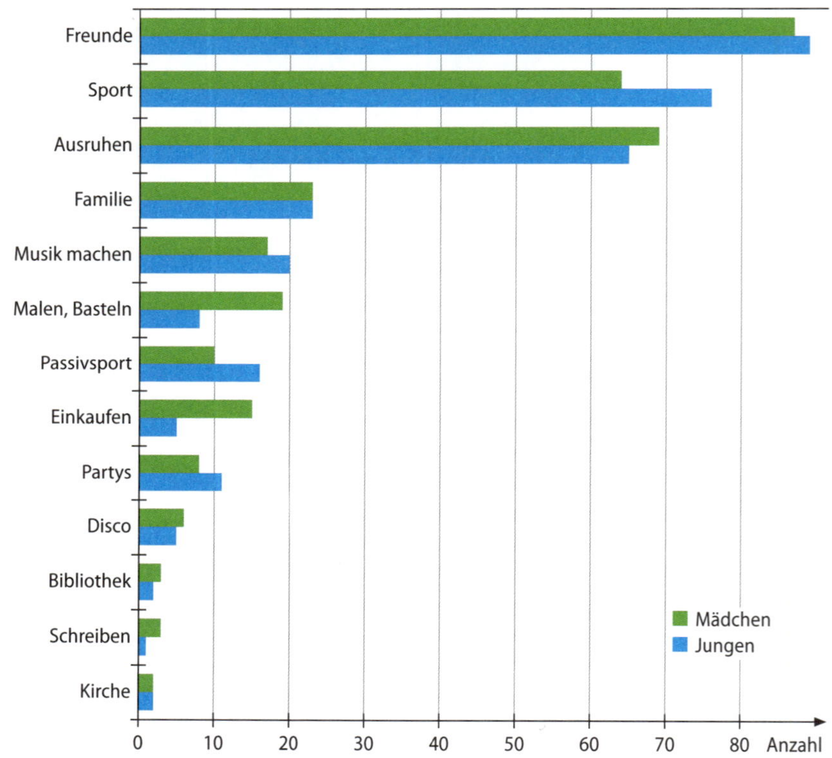

b) Entscheide aufgrund des Diagramms, welche Aussage wahr (w) bzw. falsch (f) ist. Lässt sich keine Aussage treffen, kreuze (?) an.

w	f	?	
☐	☐	☐	Mehr als die Hälfte der befragten Jugendlichen treibt Sport.
☐	☐	☐	Die liebste Freizeitbeschäftigung ist Ausruhen.
☐	☐	☐	Etwa dreimal so viele Mädchen wie Jungen gehen einkaufen.
☐	☐	☐	Fußball ist die beliebteste Sportart von Jungen.
☐	☐	☐	Mehr Mädchen als Jungen machen pro Woche Musik.

1 Familie Ludwig hat monatlich etwa folgende Ausgaben:

Abzahlung Haus:	700 €
Strom, Gas, Wasser:	250 €
Rate Auto:	300 €
Lebensmittel:	450 €
Kleidung, Schuhe:	150 €

a) Stelle die Angaben im Balkendiagramm dar. Beschrifte die Achsen.

b) Gib die Gesamtausgaben von Familie Ludwig pro Monat an:

_______________ €

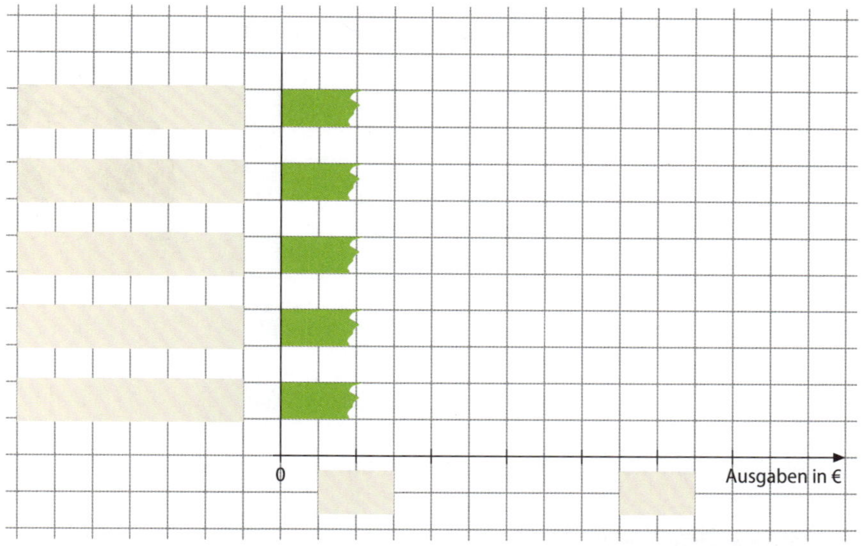

2 Die Tabelle zeigt die Anzahl der Eiskugeln, die an einem Sommertag im Eiscafé Vivaldi verkauft wurden. Vervollständige die Tabelle und veranschauliche die Anteile in dem Kreisdiagramm.

Eissorte	verkaufte Eiskugeln		Winkelgröße im Kreisdiagramm
	absolute Häufigkeit	relative Häufigkeit	
Schokolade	36		
Erdbeere	30		
Joghurt	24		
Zitrone	20		
Sonstiges	10		

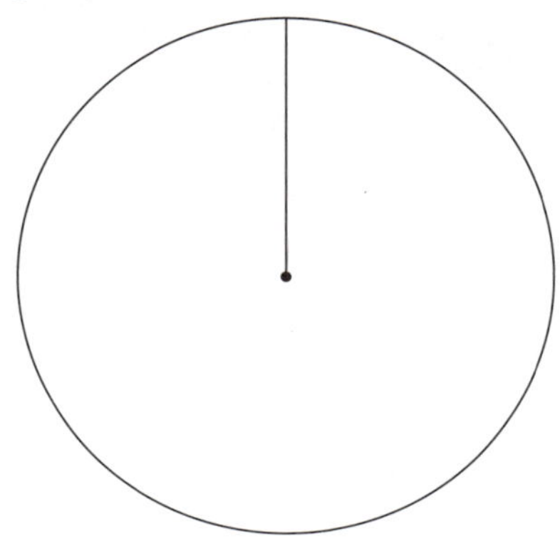

Anzahl verkaufter Eiskugeln: _______________

3 Eine Umfrage zu den Lieblingssportarten von Schülerinnen und Schülern ergab folgende Ergebnisse:

	Fußball	Volleyball	Schwimmen	Leichtathletik
Mädchen	|||	𝍸 𝍸	𝍸 ||||	𝍸
Jungen	𝍸 𝍸 ||	𝍸 ||	𝍸		𝍸 |||

Stelle die Ergebnisse der Umfrage in einem Säulendiagramm dar.
Achte darauf, dass das Diagramm weiterhin den Unterschied zwischen Mädchen und Jungen zeigt.

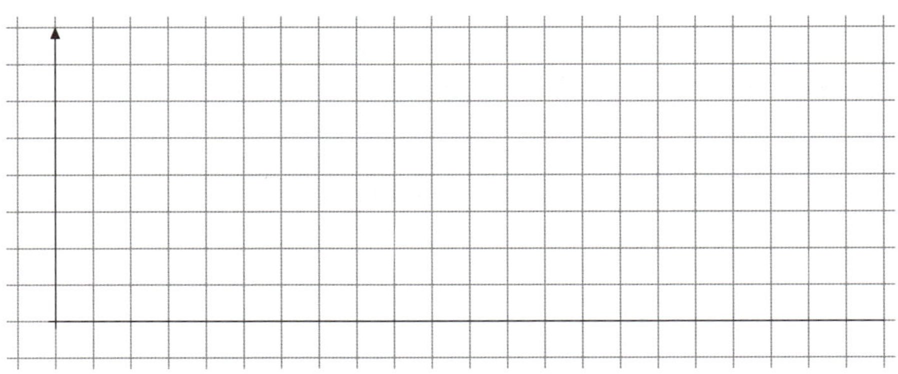

Daten analysieren: arithmetisches Mittel

1 Wie könnte Tabea zu dieser Aussage kommen? Erläutere.

Bei mir zu Hause hat jedes Familienmitglied an Heiligabend im Schnitt sieben Geschenke bekommen.

2 Ines misst von Montag bis Freitag immer um 12.00 Uhr mittags die Temperatur und überträgt die Daten in ein Diagramm.

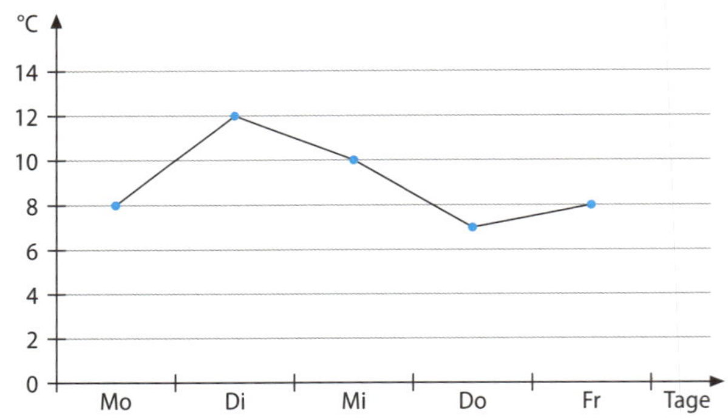

a) Lies die Temperaturen ab und übertrage sie in die Tabelle.

Wochentag	Montag	Dienstag	Mittwoch	Donnerstag	Freitag
Temperatur					

b) Bestimme die Durchschnittstemperatur für 12.00 Uhr mittags in der angegebenen Woche und zeichne sie in das Diagramm ein.

c) Beschreibe in eigenen Worten, was eine Durchschnittstemperatur ist.

d) Ines beschließt, auch am Samstag die Temperatur zu messen. Im Anschluss an ihre Messung ermittelt sie die neue Durchschnittstemperatur, die nun 8 °C beträgt. Wie viel °C betrug die Temperatur am Samstag?
Die Temperatur betrug am Samstag

_______ °C.

1 Leon und Niki wohnen gleich weit von der Schule entfernt. Die Graphen beschreiben ihre Schulwege.

a) Wer war länger unterwegs?

☐ Leon ☐ Niki

b) Wer ist an diesem Tag die längere Strecke gelaufen?

☐ Leon ☐ Niki

c) Welche Geschichte kann zu welchem Schulweg passen?

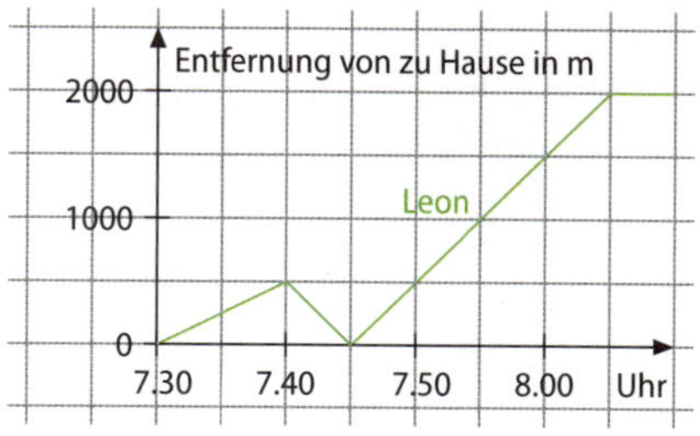

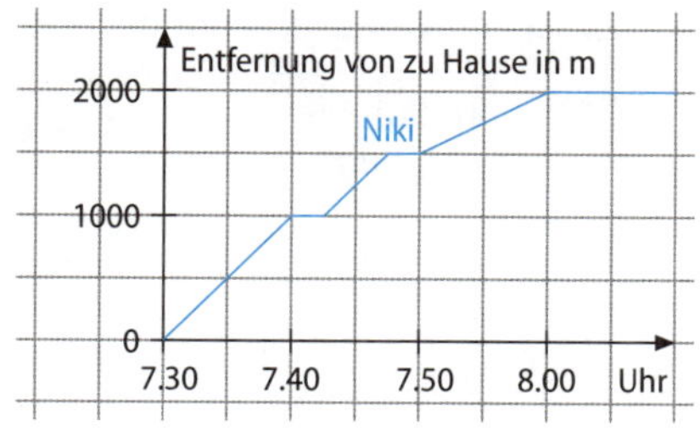

„Ich habe um 7.30 Uhr das Haus verlassen. Ich kam wie immer gut voran. Zweimal musste ich an Ampeln auf dem Weg anhalten, bevor ich an der Schule ankam."	☐ Leon ☐ Niki
„Ich habe um 7.30 Uhr das Haus verlassen. Unterwegs merkte ich, dass ich meine Bücher vergessen hatte. Nachdem ich sie daheim geholt habe, rannte ich zur Schule."	☐ Leon ☐ Niki

2 Wasser wird gleichmäßig in Behältnisse geschüttet. Nummeriere die Graphen entsprechend der Gefäße.

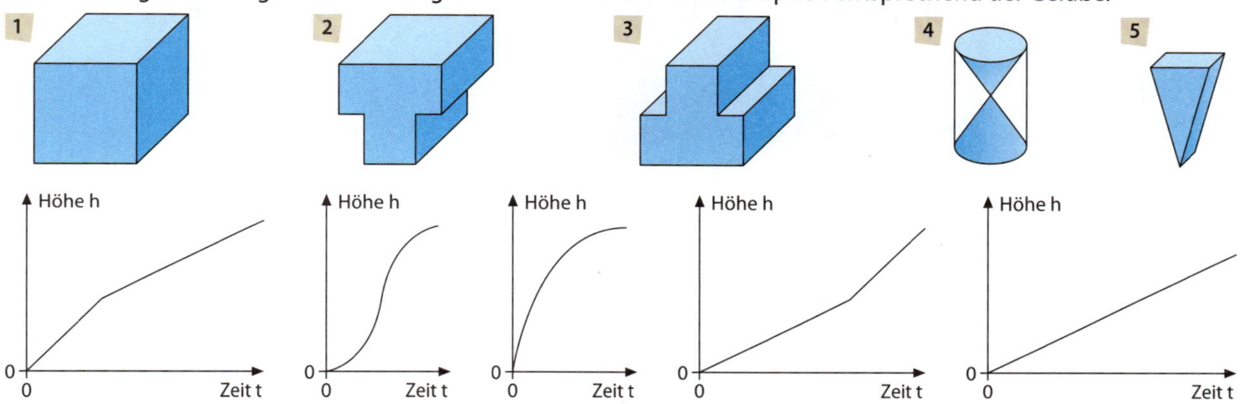

3 Ein Brötchen kostet bei Bäcker Maier 30 ct. Am Samstag wirbt er mit „Kaufe 4, zahle 3".

a)

Anzahl	0	1	2	3	4	5	6	7	8	9	10
Preis		30 ct									

Vervollständige die Tabelle.

b) Zeichne den Graphen der Zuordnung. Beschrifte die Achsen.

c) Welche Anzahl an Brötchen wird wohl besonders oft (selten) gekauft? Begründe.

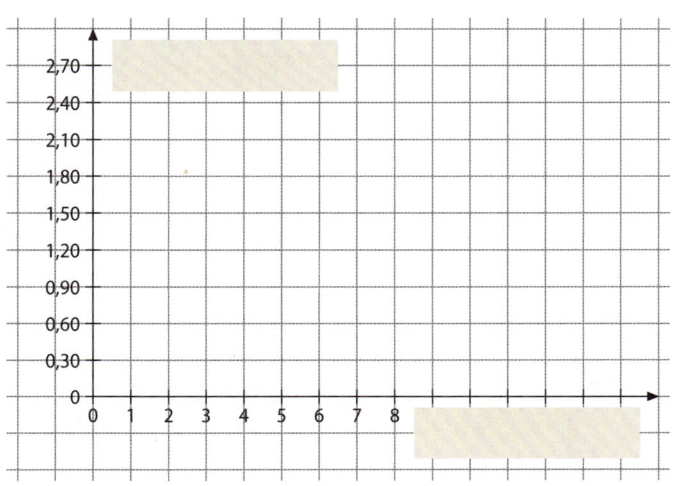

Proportionale Zusammenhänge erkennen und berechnen

1 Berechne die fehlenden Größen der proportionalen Zuordnungen. Bestimme zunächst einen geeigneten Zwischenwert, wenn nötig.

a)

Anzahl Eiskugeln	Preis in €
3	2,70
11	

b)

Euro	Schwedische Kronen
10	88
	121

c)

Anzahl Blätter	Gewicht in g
25	125
120	

2 Vier Flaschen Orangenlimonade kosten 5,20 €.
Wie viel kosten sieben Flaschen? Vervollständige den Dreisatz.

Sieben Flaschen kosten ______________________.

4 Flaschen ≙ 5,20 €
: 4
1 Flasche ≙ ______ €
7 Flaschen ≙ ______ €

3 Welche Abbildung kann den Graphen einer proportionalen Zuordnung darstellen? Kreuze an.

a) 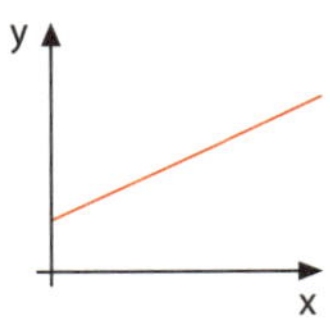

☐ ja ☐ nein

b) 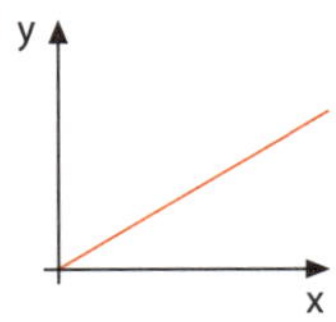

☐ ja ☐ nein

c) 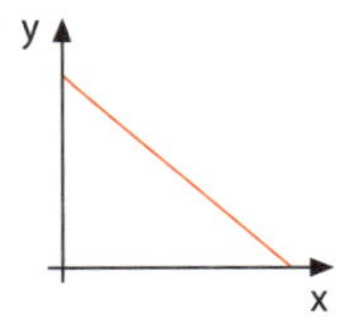

☐ ja ☐ nein

d) 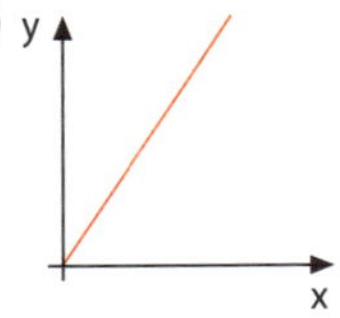

☐ ja ☐ nein

e) 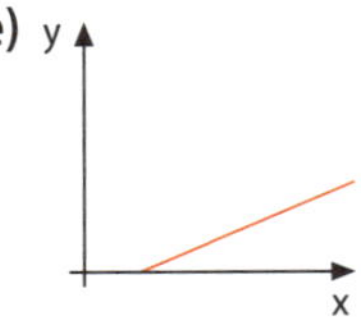

☐ ja ☐ nein

4 Ergänze die Tabellen und überprüfe anhand eines Graphen, ob die Zuordnung proportional ist.

1 Gleichseitiges Dreieck

Kantenlänge	Umfang
2 cm	
4 cm	
6 cm	

2 Quadrat

Kantenlänge	Umfang
	4 cm
3 cm	
4 cm	

3 Rechteck mit Länge 6 cm

Breite	Umfang
1 cm	
2 cm	
3 cm	

4 Rechteck mit a = 3 cm

Seite b	Fläche
2 cm	
4 cm	
6 cm	

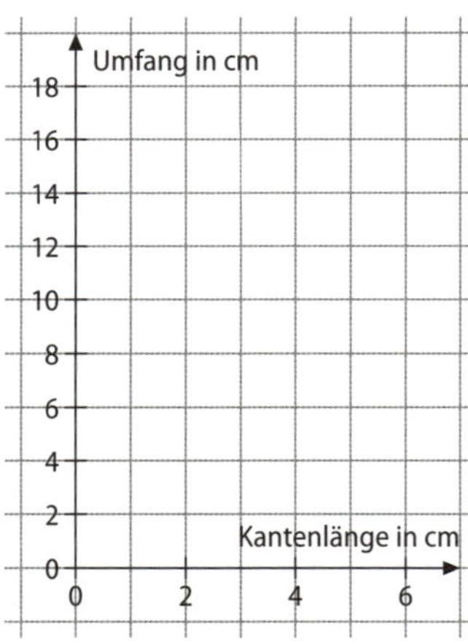

☐ proportional

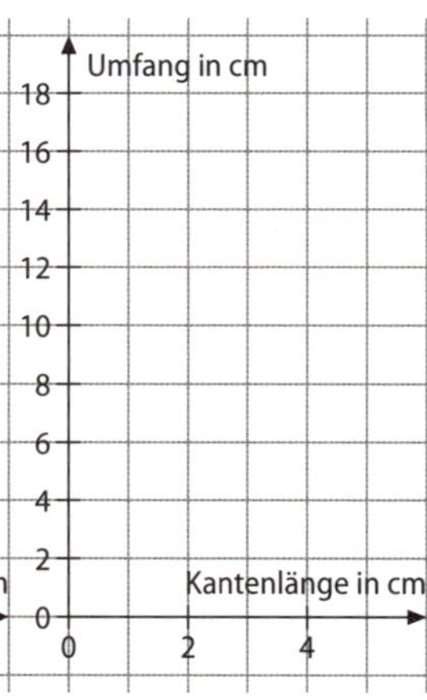

☐ proportional

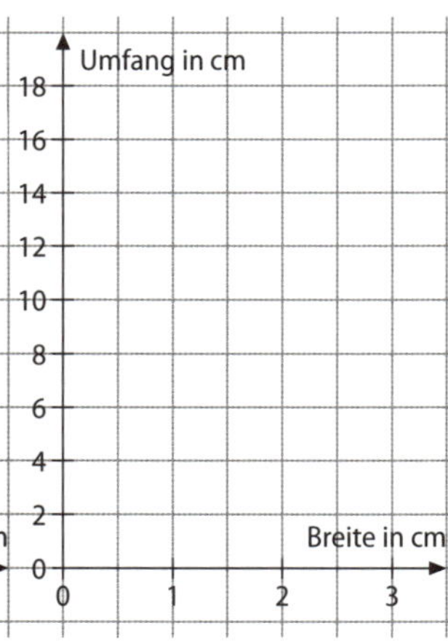

☐ proportional

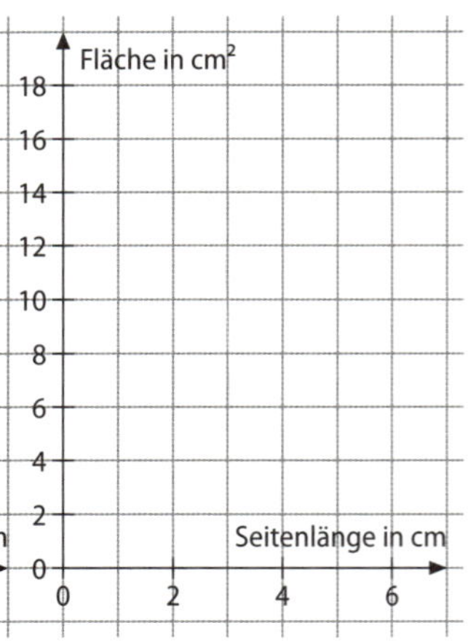

☐ proportional

1 Liegt eine proportionale, eine antiproportionale oder eine andere Zuordnung vor?

a) 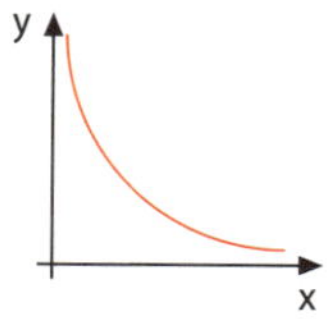

b) 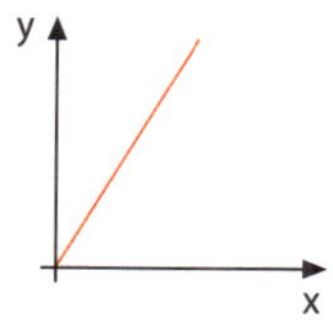

c) 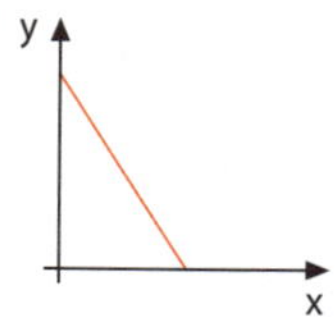

d) 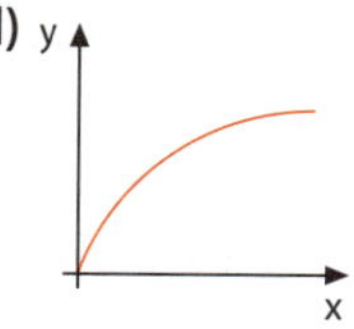

e) 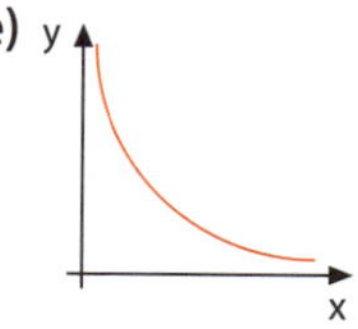

2 Im Kletterwald werden Gruppen zu je sechs Kindern gebildet. Insgesamt entstehen dadurch 15 Gruppen. Wie viele Gruppen werden gebildet, wenn in jeder Gruppe neun Kinder sind? Vervollständige den Dreisatz und bewerte die Möglichkeiten der Gruppenbildung.

:	6 Kinder	≙	15	Gruppen
·	1 Kind	≙		Gruppen
	9 Kinder	≙		Gruppen

(rechts: · und :)

3 Wenn eine Tippgemeinschaft beim Lotto gewinnt, wird der Gewinn gleichmäßig unter den Mitspielern aufgeteilt.

a) Bestimme die fehlenden Werte und zeichne den Graphen der Zuordnung.

Anzahl Mitglieder	Gewinn pro Person in 1000 €
2	
3	12
5	
8	
9	4
12	
	2,4

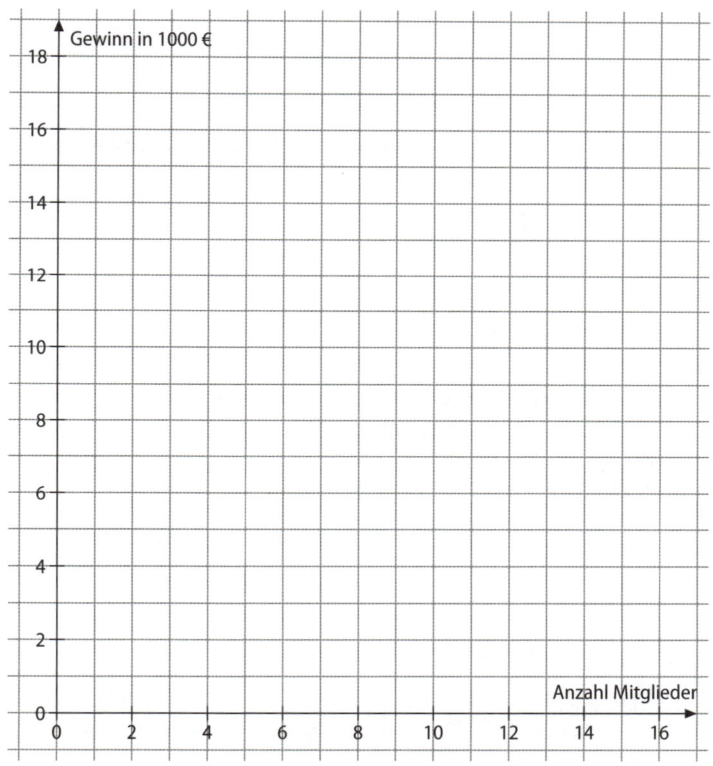

b) Der Gesamtgewinn betrug ____________ €.

4 Beim Schulfest wird Pizza verkauft. Ein Blech ergibt 16 große Stücke. Jedes dieser Stücke soll für 2,50 € verkauft werden. Christian meint, dass für diesen Preis keiner die Pizzastücke kauft. Er will die Pizzastücke günstiger für 2 € verkaufen, aber trotzdem genauso viel Geld pro Blech verdienen. Wie viele Stücke braucht Christian?

16 Stücke	≙	2,50 €
	≙	
	≙	

I. Daten auswerten

1 Bei der Klassensprecherwahl werden die Stimmzettel ausgezählt.

Thomas, Marco, Jakob, Celin, Celin, Steffen, Celin, Thomas, Steffen
Marco, Steffen, Steffen, Celin, Steffen, Celin, Steffen, Steffen
Jakob, Steffen, Celin, Thomas, Marco, Jakob, Thomas, Thomas

a) Vervollständige die Tabelle. Streiche erfasste Zettel durch.

	Jakob (J)	Steffen (S)	Marco (M)	Celin (C)	Thomas (T)
Strichliste					
H					
h					

b) Stelle das Ergebnis als Streifendiagramm dar.

2 a) Wettbewerb im Papierfliegerweitwurf: Vervollständige die Tabelle.

	Jordan	Enna	Constanze	Dominik	Sabine	Nina
1. Wurf	13,50 m	15,40 m	17,80 m	8,90 m	26,80 m	4,70 m
2. Wurf	19,10 m	9,50 m	15,30 m	19,30 m	14,70 m	12,20 m
3. Wurf	18,20 m	14,30 m	16,90 m	7,20 m	6,30 m	15,70 m
Summe						

b) Bestimme die drei besten Werfer, wenn …

1 nur der beste Wurf zählt.

2 die Summe aller drei Würfe gezählt wird.

II. Daten analysieren

3

Geburts-datum	Name	Körper-gewicht	Körper-größe
04.04.2016	Marvin	3460 g	51 cm
04.04.2016	Valeca	3240 g	51 cm
08.04.2016	Bruno	4120 g	53 cm
13.04.2016	Justus	3670 g	52 cm
16.04.2016	David	4750 g	55 cm
16.04.2016	Alex	3220 g	52 cm
17.04.2016	Liv	2810 g	48 cm
18.04.2016	Lukas	3170 g	52 cm
18.04.2016	Emil	3510 g	52 cm
19.04.2016	Mila	2360 g	49 cm
20.04.2016	Nika	3080 g	50 cm
22.04.2016	Julia	4560 g	55 cm

Die Tabelle zeigt einen Auszug aus dem Geburtenbuch einer Hebamme im April 2016.

a) Bestimme das arithmetische Mittel:

1 Körpergröße: $\bar{x} =$

2 Körpergewicht: $\bar{x} =$

b) Bestimme die Körpergröße, die am häufigsten vorkommt:

c) Richtig oder falsch? Kreuze an.
Das arithmetische Mittel ist immer kleiner als der häufigste Wert in einem Datensatz.

☐ richtig ☐ falsch

III. Proportionale und antiproportionale Zusammenhänge erkennen und berechnen ✓

4 Ergänze die fehlenden Werte, wenn die Zuordnung proportional ist.

a)

Menge in g	100	150			900
Preis in €	2		9	15	

b)

Menge in ℓ		5	7		12
Preis in €	2,4	6		10,8	

5 a) Ehepaar Johann möchte die Gartenbeete umgraben. Aus Erfahrung wissen sie, dass sie dafür etwa 6,5 Stunden brauchen. Wie viel Zeit benötigen sie, wenn ihre drei großen Kinder ihnen helfen? Berechne mithilfe des Dreisatzes.

2 Personen ≙ 6,5 h

☐	☐	≙	☐	☐	
☐	☐	≙	☐	☐	

Die Familie Johann würde ________ benötigen.

b) Zeichne den Graphen in ein Koordinatensystem. Wähle eine geeignete Skalierung. Berechne gegebenenfalls noch weitere Wertepaare.

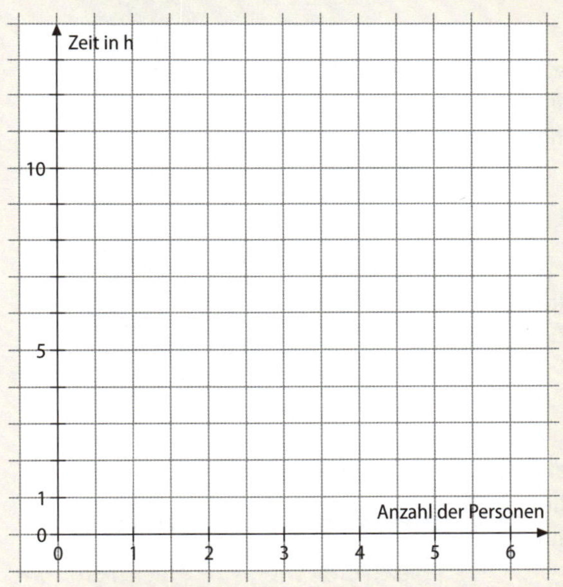

Teil	Ich kann bei einfachen Aufgaben …	Aufgaben	Kreuze an. 0–2	3–4	5–6
I.	… Daten auswerten.	1, 2	☹	😐	☺
II.	… Daten analysieren.	3	☹	😐	☺
III.	… proportionale und antiproportionale Zusammenhänge erkennen und berechnen.	4, 5	☹	😐	☺

1 Vervollständige die Tabelle.

Zahl	−8	+2,5	$-\frac{1}{2}$	−12,55	45	321,7		
Gegenzahl								
Betrag							$44\frac{2}{3}$	0

2 Markiere die Zahl am Zahlenstrahl. Wie lautet das Lösungswort?

A	K	T	I	T	A	M	M	E	H
$-2\frac{1}{4}$	3	+1,5	2,25	−2,0	0	−3,5	−0,25	$-\frac{3}{4}$	−1,75

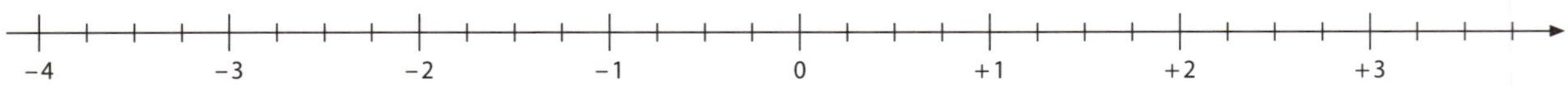

Lösungswort: ______ ______ ______ ______ ______ ______ ______ ______ ______ ______

3 Runde zunächst auf den angegebenen Stellenwert. Kreuze dann an, ob die gerundete Zahl größer oder kleiner als bzw. gleich groß wie die ursprüngliche Zahl ist.

gerundet auf …	27,4218	−35,910	−0,3184	9,6356
Zehntel				
Die gerundete Zahl ist … die ursprüngliche Zahl.	☐ größer als ☐ kleiner als ☐ gleich groß wie	☐ größer als ☐ kleiner als ☐ gleich groß wie	☐ größer als ☐ kleiner als ☐ gleich groß wie	☐ größer als ☐ kleiner als ☐ gleich groß wie
Hundertstel				
Die gerundete Zahl ist … die ursprüngliche Zahl.	☐ größer als ☐ kleiner als ☐ gleich groß wie	☐ größer als ☐ kleiner als ☐ gleich groß wie	☐ größer als ☐ kleiner als ☐ gleich groß wie	☐ größer als ☐ kleiner als ☐ gleich groß wie
Einer				
Die gerundete Zahl ist … die ursprüngliche Zahl.	☐ größer als ☐ kleiner als ☐ gleich groß wie	☐ größer als ☐ kleiner als ☐ gleich groß wie	☐ größer als ☐ kleiner als ☐ gleich groß wie	☐ größer als ☐ kleiner als ☐ gleich groß wie

4 Finde von den Zahlenkarten jeweils die Zahl heraus, die zwischen den angegebenen Zahlen liegt.

a) −5,6 < ______ < −4,8 **b)** −5,8 < ______ < −5,6

c) −5,0 < ______ < −4,5 **d)** −5,95 < ______ < −5,85

e) −4,75 < ______ < −4,25 **f)** −6,0 < ______ < −5,9

g) −4,3 < ______ < −4,1 **h)** −4,2 < ______ < −4,0

Zahlenkarten: −5,0 −4,4 −5,9 −4,75 −5,99 −4,05 −4,2 −5,7

1 Stelle die Rechnung als Bewegung eines Strichmännchens an der Zahlengerade dar. Trage das Ergebnis an der Zahlengerade und in der Rechnung ein.

Beispiel:

1 Startwert **2** Rechenzeichen: Blickrichtung **3** 2. Zahl: Anzahl Schritte & Bewegungsrichtung

1 2 3

−4 + (−3) = 7

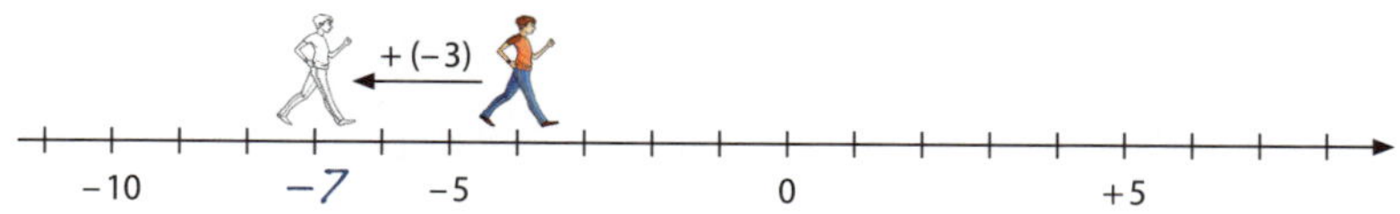

Verfahre ebenso.

a) +5 + (−6) = ____________

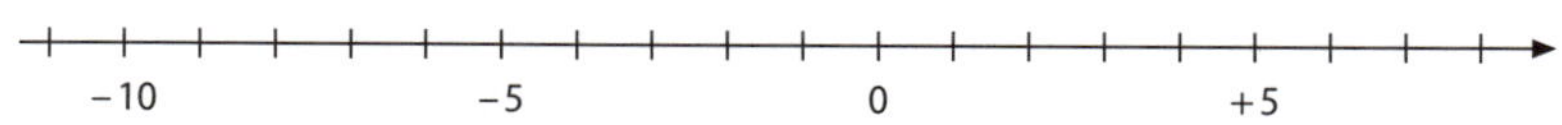

b) −6 − (−4) = ____________

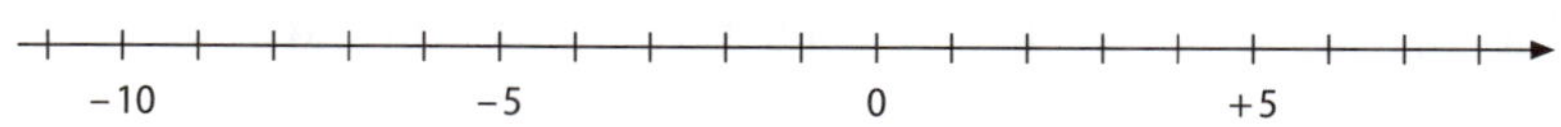

c) −1 − (+7) = ____________

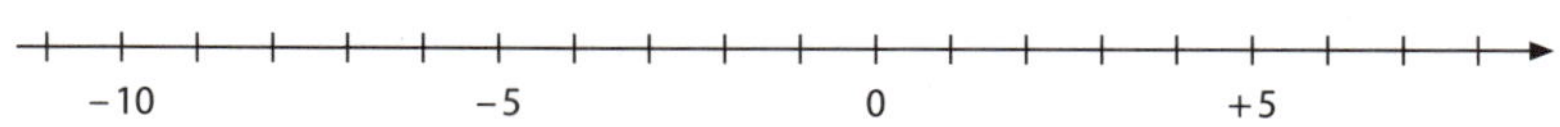

2 Ergänze die fehlenden Angaben.

a) −8,5 °C —(+2,5 °C)→ ☐

b) +4,6 °C —(−5,1 °C)→ ☐

c) 12,30 € —(☐)→ +4,30 €

d) −6,2 °C —(☐)→ −9,2 °C

e) +7,75 € —(☐)→ −8,15 €

f) ☐ —(−7,8 °C)→ −6,9 °C

3 Setze in das Kästchen „+“ oder „−“ passend ein. Bestimme das Ergebnis.

a) 7,5 ☐ (+2,8) = 7,5 − 2,8 = ____________

b) −4,3 − (−2,6) = −4,3 ☐ 2,6 = ____________

c) −12,1 − (☐6,9) = −12,1 + 6,9 = ____________

d) +6,4 ☐ (+1,7) = +6,4 + 1,7 = ____________

e) −4,6 − (+3,7) = −4,6 ☐ 3,7 = ____________

f) 1,2 − (☐5,6) = 1,2 − 5,6 = ____________

g) ☐8,5 − (☐1,9) = 8,5 + 1,9 = ____________

h) −6,8 + (−12,3) = −6,8 ☐ 12,3 = ____________

4 Berechne.

a)

+	+14	−9,5	−2,7
−7			
+38			
−4,6			

b)

−	−26	+3,5	−1,3
−6			
+14	+40		
−5,1			

1 Ist das Ergebnis eine positive oder negative Zahl? Kreuze an.

	Produkt	Das Ergebnis ist …	
a)	−6 · (−4)	☐ positiv.	☐ negativ.
b)	5 · (−3,5)	☐ positiv.	☐ negativ.
c)	2 · (−3,4) · (−18)	☐ positiv.	☐ negativ.
d)	(−5,5) · (+3) · (+4)	☐ positiv.	☐ negativ.
e)	(−1,9) · (−0,6) · (−1)	☐ positiv.	☐ negativ.
f)	−9,5 · (−2) · 5 · (−7)	☐ positiv.	☐ negativ.

2 Welche Produkte haben denselben Wert? Ordne zu und bestimme das Ergebnis.

a) (−8) · (+6)

(−8) · (−6)
(+8) · (+6)
(+8) · (−6)

Ergebnis: ____________

b) (−5) · (−9)

(−5) · (+9)
(+5) · (+9)
(+5) · (−9)

Ergebnis: ____________

c) (+7) · (−12)

(+7) · (+12)
(−7) · (+12)
(−7) · (−12)

Ergebnis: ____________

d) (+25) · (+7)

(+25) · (−7)
(−25) · (+7)
(−25) · (−7)

Ergebnis: ____________

3 Berechne.

a)

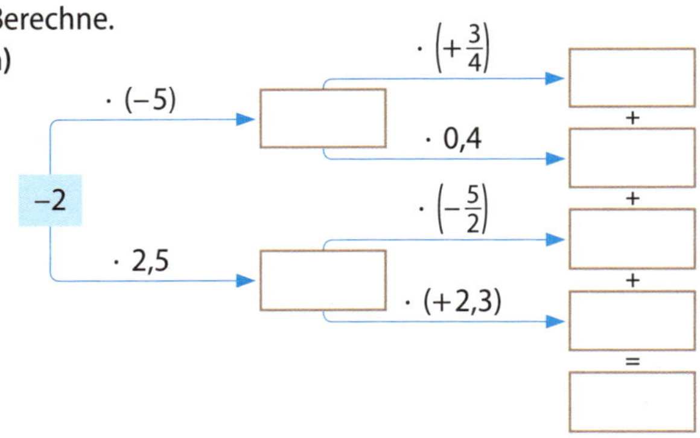

b)

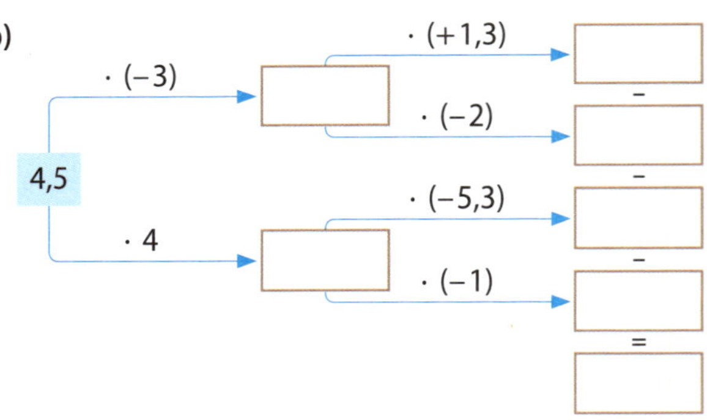

4 Berechne schriftlich.

a) −34,25 · 6,3

b) −73,025 · (−0,6)

c) 8,05 · (−2,4)

1 Ordne zu. Welcher Term führt zum selben Ergebnis? Berechne das Ergebnis.

a)

$27 - (104 - 77)$

- $27 - 104 - 77$
- $27 + 104 + 77$
- $27 - 104 + 77$

Ergebnis: ____________

b)

$-14 - (-37 + 24)$

- $-14 + 37 - 24$
- $-14 + 37 + 24$
- $-14 - 37 - 24$

Ergebnis: ____________

c)

$-10{,}5 + [(-22{,}1) + (-1{,}2)]$

- $-10{,}5 + 22{,}1 - 1{,}2$
- $-10{,}5 - 22{,}1 - 1{,}2$
- $-10{,}5 - 22{,}1 + 1{,}2$

Ergebnis: ____________

d)

$-4{,}8 - [(-0{,}5) + (-4{,}6)]$

- $-4{,}8 - (-0{,}5) - (-4{,}6)$
- $-4{,}8 - (-0{,}5) + (-4{,}6)$
- $-4{,}8 + (-0{,}5) - (-4{,}6)$

Ergebnis: ____________

2 Vervollständige den Rechenbaum. Stelle den Rechenbaum auch als Term dar und beschreibe in Worten.

a)

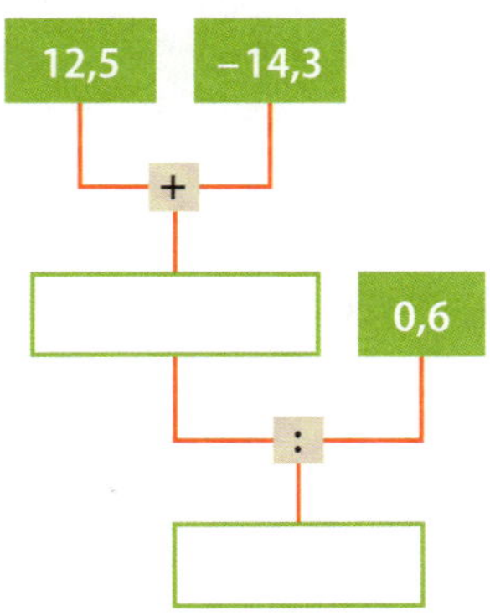

Term: ____________

In Worten: ____________

b)

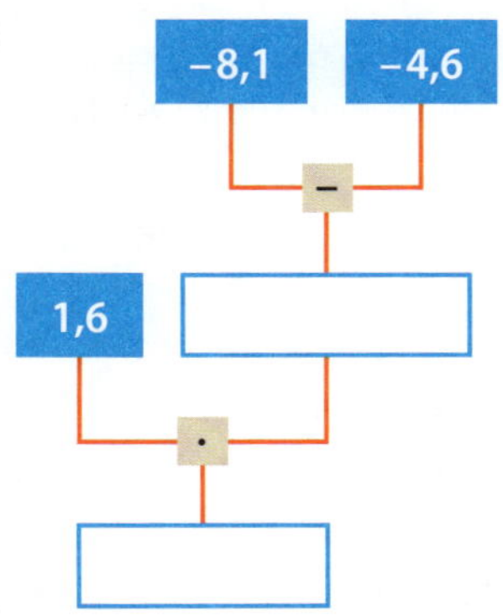

Term: ____________

In Worten: ____________

3 Finde den Fehler und korrigiere ihn.

a) $7 \cdot (-2{,}1) - 4{,}9 = 7 \cdot (-7) = -49$ f

b) $4{,}6 + (-2{,}8) - (-5{,}6) = 4{,}6 + (-5{,}6) - (-2{,}8) = -1 + 2{,}8 = 1{,}8$ f

1 Ergänze die fehlenden Angaben in den Pfeilbildern.

a) 135 → : (−9) → ☐ ; ← ☐

b) −34 → : (−89) → ☐ ; ← ☐

c) −14 → ☐ → ☐ ; ← · (−2,5)

2 Bestimme die fehlenden Vorzeichen.

a) −27,3 : (+3) = ☐9,1 b) −22,4 : (−3,5) = ☐6,4 c) 84,28 : (−4,9) = ☐17,2

d) ☐22,14 : (−1,8) = 12,3 e) 41,76 : (☐13,05) = +3,2 f) ☐17,12 : (−0,8) = −21,4

3 Berechne. Die Lösungen ergeben in der Reihenfolge der Aufgaben einen Lösungssatz.

a) −72 : (−12) = ______ b) 8,1 : (−0,9) = ______ c) +37,5 : (+2,5) = ______

d) 0 : (−22) = ______ e) −165,6 : (+9,2) = ______ f) 42,25 : (−6,5) = ______

g) −25,2 : 3,6 = ______ h) (−17) : (−17) = ______ i) +14,25 : 1,5 = ______

j) −66,6 : (+11,1) = ______ k) 39,99 : (−12,9) = ______ l) −34,5 : (−17,25) = ______

m) +76,5 : (+8,5) = ______ n) −32,13 : 5,1 = ______

mit	9,5	durch	0	Kehr-	−3,1	divi-	−9	dem	−6	diert	15	multi-	9
indem	−7	pliziert	−6,3	Man	+6	Bruch	−6,5	bruch	+2	man	1	einen	−18

Lösungssatz: ____

____

4 Berechne. Nutze den Lösungssatz aus Aufgabe 3.

a) $\frac{2}{5} : \frac{3}{4}$ = ☐ b) $1\frac{1}{5} : 1\frac{5}{7}$ = ☐

c) $-\frac{7}{8} : 1\frac{1}{3}$ = ☐ d) $\frac{9}{10} : \left(-1\frac{4}{5}\right)$ = ☐

5 Vervollständige die fehlenden Angaben im Rechenfeld, indem du entsprechend der Bewegungsrichtung mit den angegebenen Werten multiplizierst bzw. durch sie dividierst.

a)
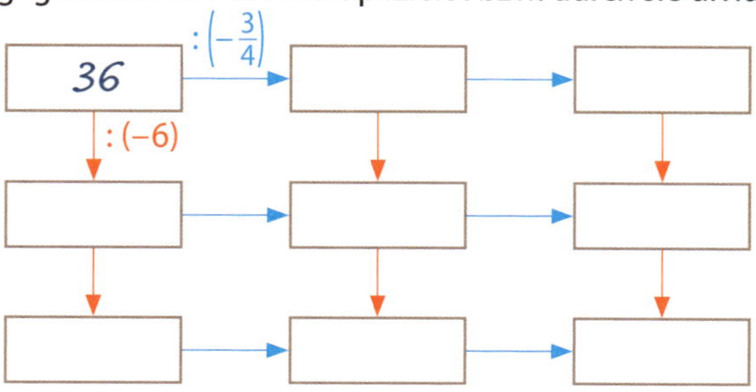

b)
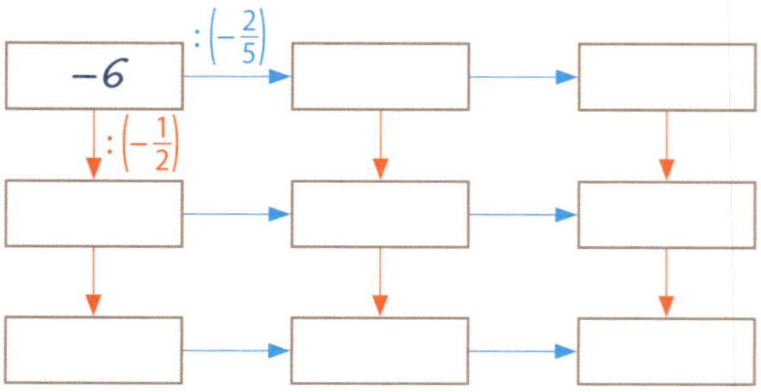

1 Überprüfe das Distributivgesetz, indem du sowohl direkt rechnest als auch ausklammerst.

a) $4 \cdot 2{,}9 - 4 \cdot 3{,}1 =$ 11,6 – ____
$4 \cdot 2{,}9 - 4 \cdot 3{,}1 =$ 4 · (2,9 – 3,1) ____

b) $(-2{,}4) \cdot 0{,}9 + (-2{,}4) \cdot 2{,}1 =$ ____
$(-2{,}4) \cdot 0{,}9 + (-2{,}4) \cdot 2{,}1 =$ ____

c) $1{,}6 \cdot (-7{,}1) - 1{,}6 \cdot 2{,}1 =$ ____
$1{,}6 \cdot (-7{,}1) - 1{,}6 \cdot 2{,}1 =$ ____

d) $(-3{,}1) \cdot (-1{,}8) - 2{,}2 \cdot (-3{,}1) =$ ____
$(-3{,}1) \cdot (-1{,}8) - 2{,}2 \cdot (-3{,}1) =$ ____

2 Welche Rechengesetze wurden bei den folgenden Termumformungen verwendet? Schreibe über das Gleichheitszeichen jeweils eine der Abkürzungen KG (Kommutativgesetz), AG (Assoziativgesetz), DG (Distributivgesetz), PvS (Punkt vor Strich) oder KI (Klammern zuerst). Berechne anschließend den Term.

a) $17 + [(-37) + 163] \overset{\square}{=} [17 + (-37)] + 163 =$ ____

b) $-12{,}5 + 4{,}5 \cdot (-6) \overset{\square}{=} -12{,}5 + (-27) =$ ____

c) $(-8) \cdot 14 + (-8) \cdot (-6) \overset{\square}{=} (-8) \cdot [14 + (-6)] =$ ____

d) $2{,}5 \cdot [-24 + 37 + (-12)] \overset{\square}{=} 2{,}5 \cdot [-24 + (-12) + 37] = 2{,}5 \cdot 1 =$ ____

e) $(-97) \cdot 86 \overset{\square}{=} -100 \cdot 86 + 3 \cdot 86 =$ ____

3 Kreuze den Term an, der das kleinste Ergebnis liefert. Schaffst du es auch ohne zu rechnen?

a)
- ☐ $-34 - (-8)$
- ☐ $-34 + (-8)$
- ☐ $-34 \cdot (-8)$
- ☐ $-34 : (-8)$

b)
- ☐ $-23 - (-0{,}7)$
- ☐ $-23 + (-0{,}7)$
- ☐ $-23 \cdot (-0{,}7)$
- ☐ $-23 : (-0{,}7)$

c)
- ☐ $18 - (-3{,}6)$
- ☐ $18 + (-3{,}6)$
- ☐ $18 \cdot (-3{,}6)$
- ☐ $18 : (-3{,}6)$

d)
- ☐ $9 - (-0{,}3)$
- ☐ $9 + (-0{,}3)$
- ☐ $9 \cdot (-0{,}3)$
- ☐ $9 : (-0{,}3)$

4 Berechne.

a) $(-9 + 4{,}5) \cdot [3{,}6 \cdot (-1{,}7)]$

b) $17 - 4 \cdot [-6{,}5 + 2 \cdot (-1{,}5)^2]$

5 Welche Zahl fehlt? Ergänze.

a) $\square + 2 \cdot 0{,}6 = -2$

b) $1{,}5 + 2 \cdot \square = 6{,}5$

c) $8{,}5 - \square \cdot 0{,}3 = 7{,}6$

d) $-4{,}5 \cdot \square + 2 = 11$

e) $\square \cdot (0{,}6 - 2{,}1) = -6$

f) $1{,}8 : \square - 5 = 15$

g) $\left(-3{,}5 - 2\frac{3}{4}\right) : \square = 1\frac{1}{4}$

h) $2{,}5 \cdot \left(\square - 4{,}8\right) = -20$

i) $\square : \frac{3}{4} + 2 = -6$

I. Rationale Zahlen ordnen und vergleichen

1 Trage die zugehörige Zahl an den Pfeil an.

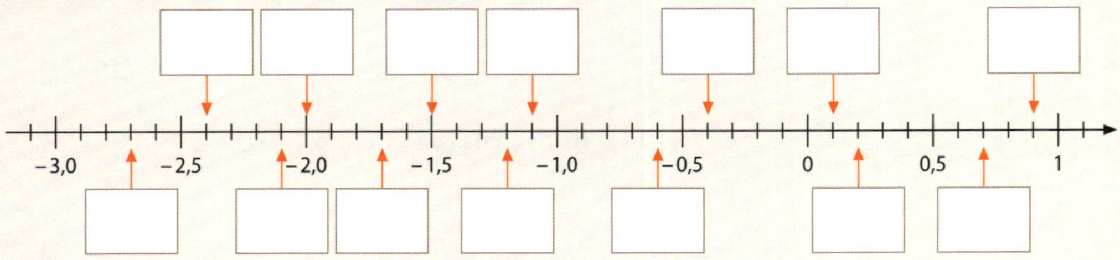

2 Ordne der Größe nach.

a) −3,5; 4,3; −1,8; 0; 0,3 ☐ < ☐ < ☐ < ☐ < ☐

b) −12,6; −127; $\frac{1}{4}$; 8; $-\frac{1}{3}$ ☐ < ☐ < ☐ < ☐ < ☐

3 Setze die Zahlenfolge fort.

a) +14; +8; +2; −4; ______ ______ ______ ______ ______ ______

b) −2,9; −2,4; −1,9; −1,4; ______ ______ ______ ______ ______ ______

II. Rationale Zahlen addieren und substrahieren

4 Stelle die Rechnung an der Zahlengeraden dar und berechne.

a) (−12) + (+17) = ☐

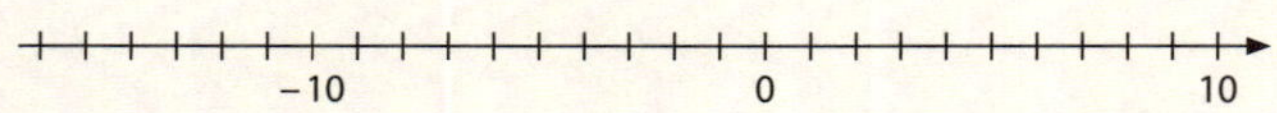

b) (+4) − (+23) = ☐

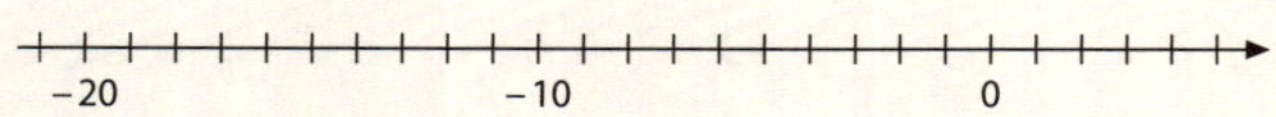

5 Verbinde zusammengehörende Zahlenterme.

a) (+8) + (−1,2) | 8 − 1,2

(+8) + (+1,2) | 8 + 1,2

b) (−8) + (−1,2) | −8 + 1,2

(−8) − (−1,2) | −8 − 1,2

6 Ergänze die fehlenden Zahlen.

a) 1,8 − 1,2 − 7 = ☐

☐ −2,5 − 2 = −3

−2,3 + ☐ +1,7 = 0,9

b) ☐ + 44 − 12 = 12

1,1 + 2,9 − ☐ = −40

4,1 − 3,2 − 0,4 ☐ = 0

III. Rationale Zahlen multiplizieren und dividieren

✓

7 Setze fehlende Zahlen oder Vorzeichen ein.

a) (☐6) · (−9) = 54 b) (−12,8) : (☐3,2) = (−☐) c) (−8) · (☐1,2) = (+☐) ☐

8 Notiere auf verschiedene Arten als Produkt mit zwei Faktoren. ☐

a) +4,0 = ____ b) −7,2 = ____ c) −1,12 = ____ ☐

+4,0 = ____ −7,2 = ____ −1,12 = ____ ☐

9 Vervollständige die Multiplikationstabelle.

a)

·	−2	−12	24
−144			
7,2			
	−6,6		

☐

b)

·	1,3	−2,0	
−1,2			
		3	2,4
	−13		

☐

IV. Rechengesetze für rationale Zahlen anwenden

✓

10 <, > oder =? Schaffst du es ohne Rechnung?

a) −7 · (1,2 − 0,8) ☐ −4 · 1,2 − 0,8 b) −3,5 + (−7,9) + 2,5 ☐ −3,5 + 2,5 − 7,9 ☐

c) $+3{,}2 - \left(\frac{1}{2} + 7{,}2\right)$ ☐ +3,2 + 7,2 − 0,5 d) (−14,2 + 17,1) · (−2) ☐ 14,2 · 2 + 17,1 · 2 ☐

11 Welche Zahl fehlt? Ergänze.

a) ☐ + 2 · 0,6 = −2 b) 1,5 + 2 · ☐ = 6,5 ☐

c) 8,5 − ☐ · 0,3 = 7,6 d) −4,5 · ☐ + 2 = 11 ☐

e) ☐ · (0,6 − 2,1) = −6 f) 1,8 : ☐ − 5 = 15 ☐

12 Berechne. 2,5 · [−2,8 + 4,1 − (−1,8)] = ____ ☐

Teil	Ich kann bei einfachen Aufgaben ...	Aufgaben	Kreuze an. 0–2	3–4	5–6
I.	... rationale Zahlen ordnen und vergleichen.	1, 2, 3	☹	😐	☺
II.	... rationale Zahlen addieren und subtrahieren.	4, 5, 6	☹	😐	☺
III.	... rationale Zahlen multiplizieren und dividieren.	7, 8, 9	☹	😐	☺
IV.	... Rechengesetze für rationale Zahlen anwenden.	10, 11, 13	☹	😐	☺

1 Bezeichne die Körper.

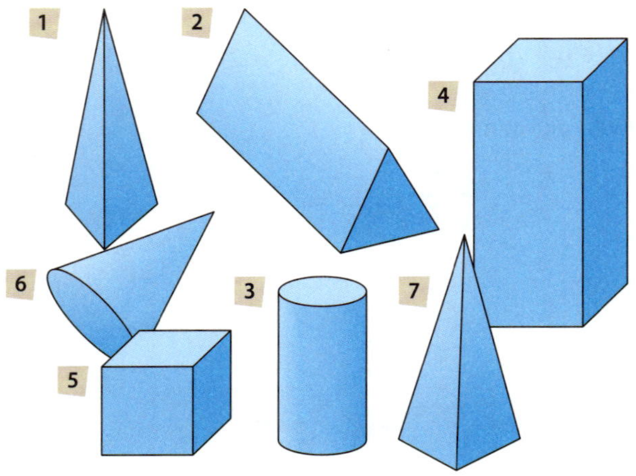

1 ______________________

2 ______________________

3 ______________________

4 ______________________

5 ______________________

6 ______________________

7 ______________________

2 Vervollständige die Schrägbilder der Quader.

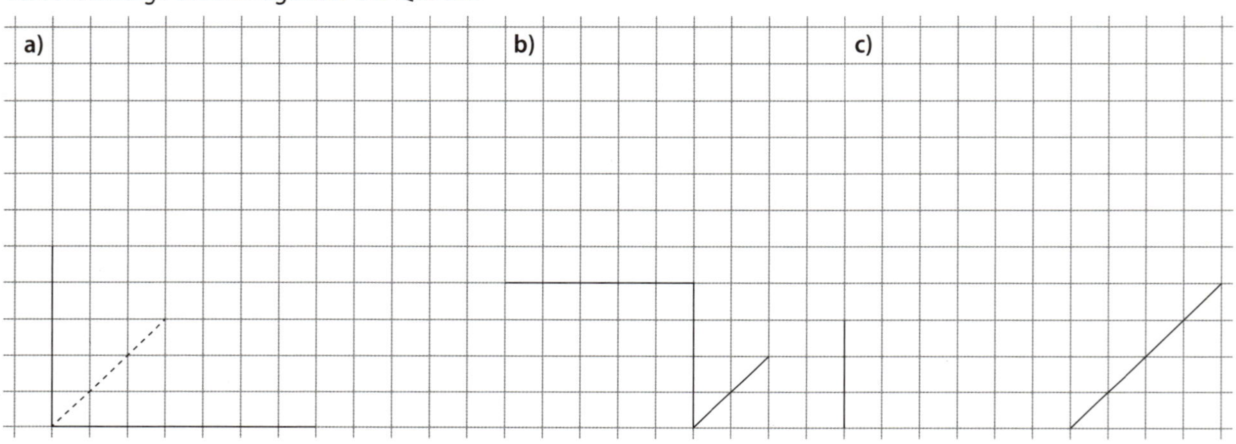

3 Zeichne ein Schrägbild folgender Körper. Kürze nach hinten verlaufende Kanten auf die halbe Länge.

a) Würfel mit $a = 4$ cm

b) Quader mit $a = 7$ cm, $b = 3$ cm, $c = 2$ cm

1 Gib die Methode an, mit der du das Volumen des Körpers bestimmen kannst.

a)

- ☐ eintauchen
- ☐ umschütten
- ☐ auszählen

b)

- ☐ eintauchen
- ☐ umschütten
- ☐ auszählen

c)

- ☐ eintauchen
- ☐ umschütten
- ☐ auszählen

d)

- ☐ eintauchen
- ☐ umschütten
- ☐ auszählen

2 Welche Körper haben denselben Rauminhalt?

1

2
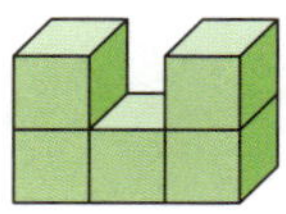

3

4

5

6
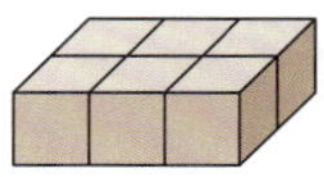

7
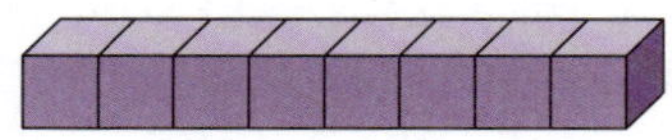

Antwort: ....

3 Wie viele kleine Würfel braucht man noch, um den Körper bis zum roten Rahmen auszufüllen?

a)
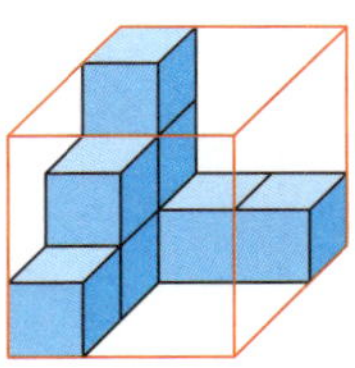
....

b)
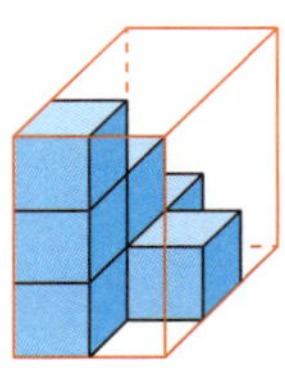
....

c)
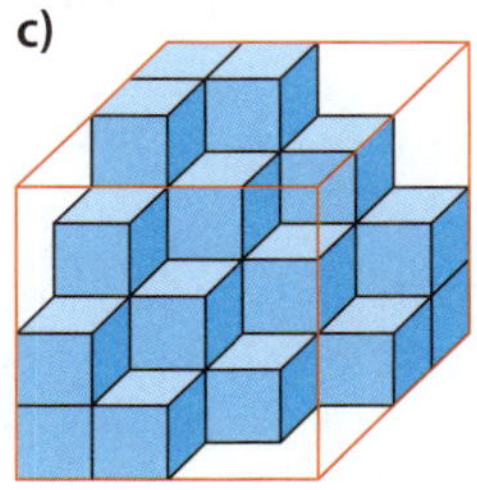
....

d)
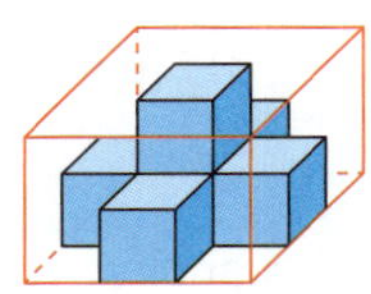
....

4 Die roten Körper sind aus mehreren Exemplaren des blauen Körpers zusammengesetzt.
Zeichne eine Möglichkeit der Zerlegung ein.

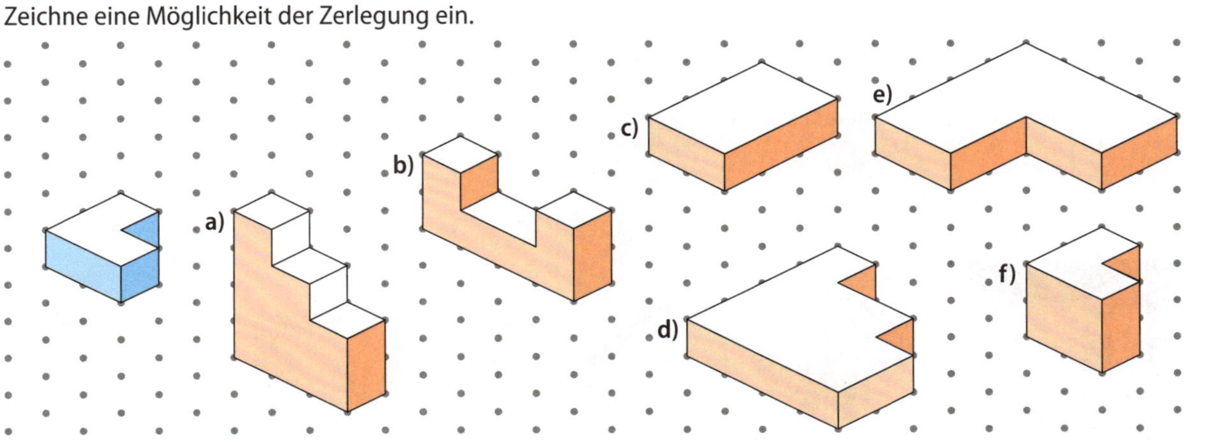

1 Vervollständige die Einheitentafel.

		m^3			dm^3			cm^3				
a)	0,126 dm^3						0	1	2	6	=	cm^3
b)	m^3				2	5	1	6			=	dm^3
c)	12,580 m^3										=	cm^3
d)	m^3										=	12,5 dm^3
e)	45,7 dm^3										=	cm^3
f)	m^3					7	5				=	cm^3

2 Schreibe in der nächstkleineren Einheit.

a) 7 m^3 350 dm^3 = ____________
27 dm^3 60 cm^3 = ____________
8 cm^3 5 mm^3 = ____________

b) 14 dm^3 = ____________
345 cm^3 = ____________
9,575 dm^3 = ____________

c) 1,12 dm^3 = ____________
0,002 m^3 = ____________
15 hℓ = ____________

3 Schreibe mit Komma.

a) 4376 dm^3 = ____________
12 548 cm^3 = ____________
2312 mm^3 = ____________

b) 12 dm^3 = ____________
750 cm^3 = ____________
5 mm^3 = ____________

c) 250 dm^3 = ____________
7750 cm^3 = ____________
3500 mm^3 = ____________

4 Verwandle in die nächstgrößere Einheit.

a) 350 mm^3 = ____________
56 dm^3 = ____________
2317 cm^3 = ____________

b) 76 000 mm^3 = ____________
908 000 cm^3 = ____________
0,75 dm^3 = ____________

c) 0,5 dm^3 = ____________
4,5 cm^3 = ____________
1,25 dm^3 = ____________

5 Verbinde die Rauminhalte mit den passenden Gegenständen.

0,33 ℓ | 40 m^3 | 700 mℓ | 70 cm^3 | 10 ℓ

1 Welches Volumen gehört zu welchem Quader? Verbinde die richtigen Angaben miteinander.

1 dm³ | 576 cm³ | 300 cm³ | 288 cm³ | 360 cm³

Alle Maßangaben in cm

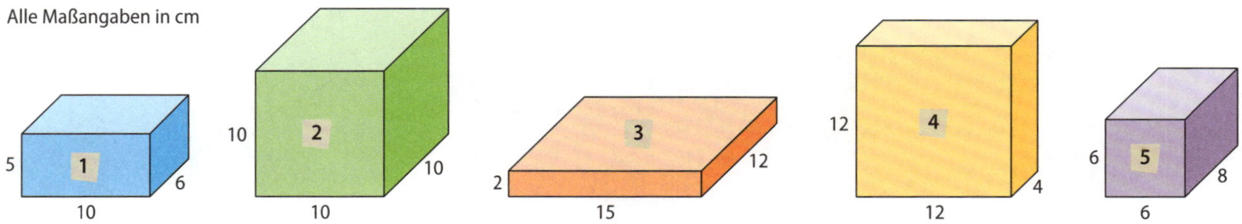

2 Berechne die fehlenden Werte des Quaders im Kopf und ergänze die Tabelle.

	a)	b)	c)	d)	e)	f)
Länge a	6 m	8 m	5 m	8 cm		0,2 m
Breite b	5 m	4 m	2 m		0,5 m	2 dm
Höhe c	2 m	3 m		5 cm	4 m	20 cm
Volumen V			20 m³	800 cm³	12 m³	

3 Überprüfe die Werbung für den Stauraum des Sattelschleppers. Der Auflieger ist innen 15 m lang, 3 m hoch und 2,5 m breit.

Antwort: ______________________

____

4 Berechne das Volumen des Körpers auf verschiedene Arten.

1

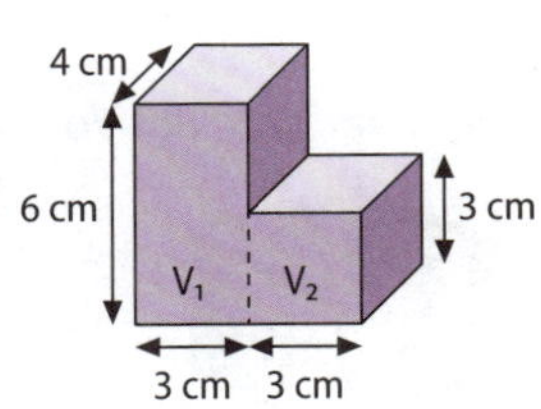

2

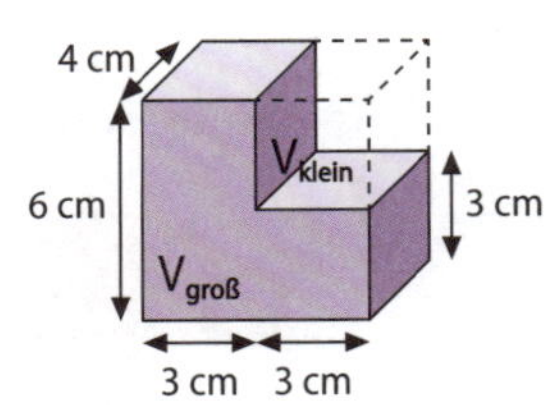

6 Am Ziel!

I. Körper benennen und Schrägbilder zeichnen

1 Gib Namen von möglichst vielen Körpern an, die die gezeigte Fläche besitzen können.

a) 

b) 

c) 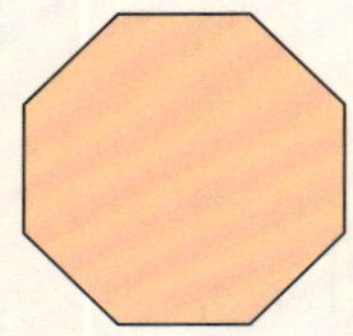

d) 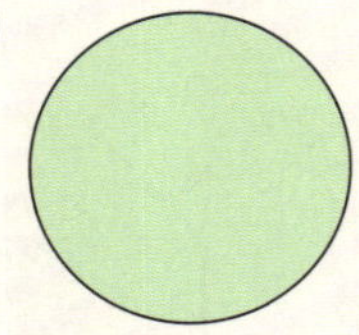

2 Vervollständige das Schrägbild.

a) Quader

b) Pyramide mit quadratischer Grundfläche

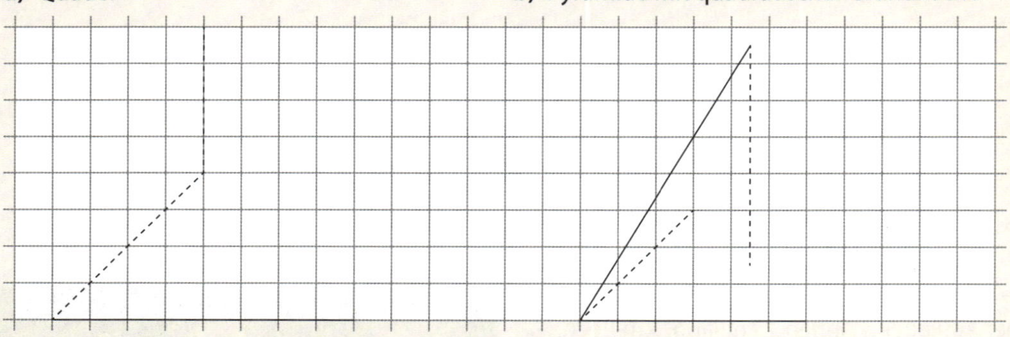

II. Volumen bestimmen

3 Bestimme die Anzahl der Würfel, aus denen der Körper aufgebaut ist.

a) 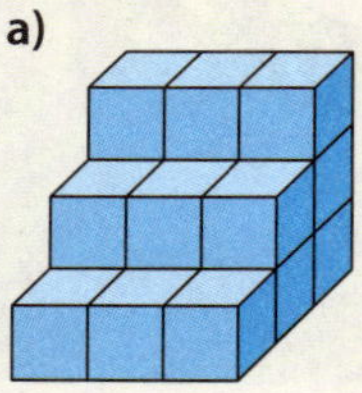

Anzahl:

b) 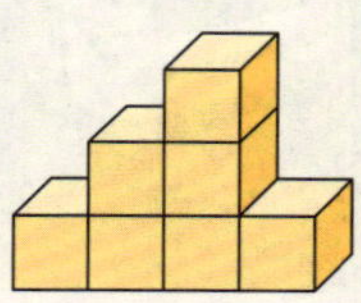

Anzahl:

c) 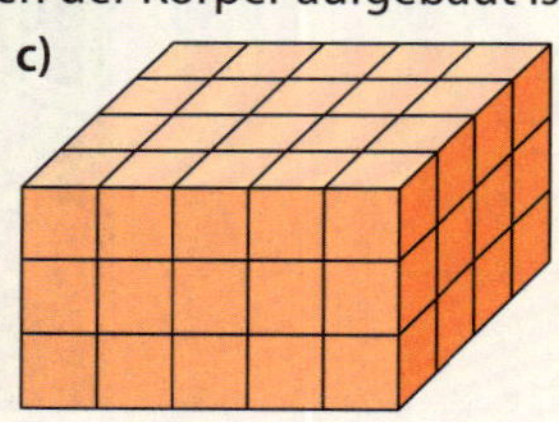

Anzahl:

d) 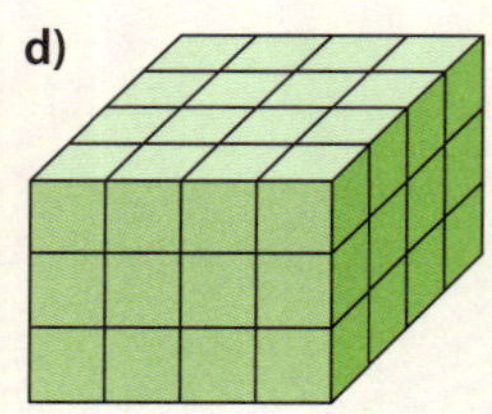

Anzahl:

4 Kreuze an, durch welche Messmethode das Volumen bestimmt werden kann.

a)

- ☐ eintauchen
- ☐ umschütten
- ☐ auszählen

- ☐ eintauchen
- ☐ umschütten
- ☐ auszählen

b)

- ☐ eintauchen
- ☐ umschütten
- ☐ auszählen

- ☐ eintauchen
- ☐ umschütten
- ☐ auszählen

III. Volumeneinheiten umrechnen

5 Wandle in die angegebene Maßeinheit um.

a) $270\ dm^3$ = ☐ m^3; $17{,}5\ mm^3$ = ☐ cm^3; $1705\ cm^3$ = ☐ ℓ

b) $1{,}705\ m^3$ = ☐ dm^3; $27\ dm^3$ = ☐ cm^3; 2 ℓ = ☐ cm^3

c) $7200\ mm^3$ = ☐ dm^3; 41 ℓ = ☐ cm^3; $365\,000\ cm^3$ = ☐ m^3

d) 2,25 hℓ = ☐ ℓ; 30 800 ℓ = ☐ m^3; $96\,750\ cm^3$ = ☐ m^3

6 Gib die Reihenfolge der Größen an, beginne mit der kleinsten.

a)	$6500\ cm^3$	$6{,}9\ dm^3$	$6\ m^3$	$64\ dm^3$	$67\,000\ cm^3$	$0{,}063\ m^3$
Reihenfolge:						

b)	$8300\ cm^3$	831 ℓ	$83\ dm^3$	$82\,900\ cm^3$	0,84 hℓ	$8\ m^3$
Reihenfolge:						

IV. Volumen von Quader und Würfel berechnen

7 Welche Würfel und Quader haben das gleiche Volumen? Kreuze sie an.

	Quader	**Würfel**
☐	l = 4 cm; b = 5 cm; h = 6 cm	Kantenlänge 5 cm
☐	l = 16 cm; b = 1,5 cm; h = 9 cm	Kantenlänge 6 cm
☐	l = 2,5 m; b = 200 mm; h = 25 cm	Kantenlänge 0,5 m

8 Berechne das Volumen des Quaders.

a) l = 4 cm; b = h = 1 dm b) l = b = h = 8 cm c) l = 2,5 cm; b = 2 dm; h = 1 cm

V = ______ V = ______ V = ______

Teil	Ich kann bei einfachen Aufgaben ...	Aufgaben	Kreuze an. 0–2	3–4	5–6
I.	... Körper benennen und Schrägbilder zeichnen.	1, 2	☹	😐	☺
II.	... Volumen bestimmen.	3, 4	☹	😐	☺
III.	... Volumeneinheiten umrechnen.	5, 6	☹	😐	☺
IV.	... Volumen von Quader und Würfel berechnen.	7, 8	☹	😐	☺

Fotolia – S. 52; - / Artalis – S. 18; - / ExQuisine – S. 3; - / fotofürst – S. 53; - / freshidea – S. 30; - / galubi – S. 4; - / Hardy – S. 31; - / Hazel Proudlove – S. 52; - / KopoPhoto – Cover; - / photlook – S. 36; - / Aleksejs Pivnenko – S. 51; - / Birgit Reik-Hofmann – S. 52; - / Secret Side – S. 52; - / teamarbeit – S. 51; - / terex – S. 54; - / Thaut Images – S. 51; iStockphoto / Marek Mnich – S. 54; Thinkstock / antpkr – S. 54; - / iStockphoto / pictureimpressions – S. 54.